CREATIVE THINKING!

아이앤아이  영재교육원 대비

# 꾸러미 120제

수학

초6~중등

세상은 재미난 일로
가득 차 있지요!

무엇부터 할까?

친구들 안녕!

잠 좀 깨우지 않기!

꾸러미 동산에 잘 오셨어요!

# 영재교육원 대비를 위한 ...

 영재란, 재능이 뛰어난 사람으로서 타고난 잠재력을 개발하기 위해 특별한 교육이 필요한 사람이고, 영재교육이란, 영재를 발굴하여 타고난 잠재력을 개발할 수 있도록 도와주는 것이다.

 영재교육에 관해 해가 갈수록 관심이 커지고 있지만, 자녀를 영재교육원에 보내는 방법을 정확하게 알려주는 교재는 많지 않다. 또한, 영재교육원에서도 정확한 기준 없이 문제를 내기 때문에 영재교육원을 충분하게 대비하기는 쉽지 않다. 영재교육원 선발 시험 문제의 30% ~ 50% 가 실생활에서의 경험을 근거로 한 문제로 구성된다. 그런데 어디서 쉽게 볼 수 있는 문제는 아니므로 기출문제를 공부할 필요가 있다. 기출문제 풀이가 시험 대비의 정답은 아니지만, 유사한 문제들을 많이 접해보면서 새로운 문제를 보았을 때, 당황하지 않고, 문제의 실마리를 찾아서 응용하는 연습을 하는 것이다. 창의력 문제들을 해결하기 위해서는 본 교재를 통한 충분한 연습이 필요할 것이다.

 '영재교육원 대비 꾸러미 120제 수학, 과학' 은 '영재교육원 대비 수학·과학 종합대비서 꾸러미' 에 이어서 학년별 풍부한 문제를 수록하고 있다. 영재교육원 영재성 검사(수학/과학 분리), 새롭고 신유형의 창의적 문제 해결력 평가, 심층 면접 평가 등으로 구성되어 있어 충분한 창의적 문제 해결 연습이 가능하다. 또한, 실제 생활에서 나타날 수 있는 다양한 현상과 이론을 실전 문제와 연계해 여러 방향으로 해결할 수 있어 영재교육원 모든 선발 단계를 대비할 수 있도록 하였다.
혼자서 해결할 수 없는 문제는 해설을 통하여 생각의 부족한 부분을 채우고, 다른 방법을 유추하여 해결할 수 있도록 도와준다.

 '영재교육원 수학·과학 종합대비서 꾸러미' 와 '꾸러미 120제', ' 꾸러미 48제 모의고사' 를 통해 영재교육원을 대비하는 아이들과 부모님에게 새로운 희망과 열정이 솟는 시작점이 되길 바라며, 내재한 잠재력이 분출되길 기대해 본다.

무한상상

# 영재교육원에서 영재학교까지

## 01. 영재교육원 대비

영재교육원 대비 교재는 '영재교육원 대비 수학·과학 종합서 꾸러미', 꾸러미 120제 수학 과학, 꾸러미 48제 모의고사 수학 과학, 학년별 초등 아이앤아이(3·4·5·6학년), 중등 아이앤아이(물·화·생·지)(상,하) 등이 있다. 각자 자기가 속한 학년의 교재로 준비하면 된다.

| | | | |
|---|---|---|---|
| **초등영재** [초등대상 영재교육원 지원자] | 꾸러미 1·2·3학년 + | 꾸러미 120제 초등1~3 꾸러미 48제 모의고사 + | 아이앤아이 초3, 과학도서 |
| | 꾸러미 4·5학년 + | 꾸러미 120제 초등4~5 꾸러미 48제 모의고사 + | 아이앤아이 초4,5, 과학도서 |
| | 꾸러미 6학년 + | 꾸러미 120제 초6~중등 꾸러미 48제 모의고사 + | 아이앤아이 초6, 과학도서 |
| **중등영재** [중등대상 영재교육원 지원자] | 꾸러미 중등 + | 꾸러미120제 초6~중등 꾸러미 48제 모의고사 초6~중등 + | 과목별 중등 아이앤아이 과학도서 |

## 02. 영재학교/과학고/특목고 대비

영재학교/과학고/특목고 대비 교재는 세페이드 1F(물·화), 2F (물·화·생·지), 3F (물·화·생·지), 4F (물·화·생·지), 5F(마무리), 중등 아이앤아이(물·화·생·지) 등이 있다.

| | 세페이드 1F | 세페이드 2F | 세페이드 3F | 세페이드 4F | 세페이드 5F | | |
|---|---|---|---|---|---|---|---|
| **현재 5·6학년** | 주 1~2회 6~9개월 과정 | 주 2회 9개월 과정 | 주 3회 8~10개월 과정 | 주 3회 6개월 과정 | 주 4회 2~3개월 과정 | +중등 아이앤아이 (물·화·생·지) | 총 소요시간 31~36개월 |
| **현재 중 1학년** | | 주 3회 6개월 과정 | 주 3회 8개월 과정 | 주 3회 6개월 과정 | 주 3~4회 3개월 과정 | +중등 아이앤아이 (물·화·생·지) | 총 소요시간 약 24개월 |
| **현재 중 2학년** | | 3개월 과정 | 4개월 과정 | 4개월 과정 | 2개월 과정 | +중등 아이앤아이 (물·화·생·지) | 총 소요시간 약 13개월 |

# 영재교육원은 어떤 곳인가요?

## ▶ 영재학급

초·중·고 각급 학교에서 대상자들을 선발하여 1개 학급 정도로 운영하는 영재반이다. 특별활동, 재량활동, 방과후, 주말 또는 방학을 이용한 형태로 운영되고 있으며, 각 학교 내에서 독자적으로 운영하거나 인근의 여러 학교가 공동으로 참여하여 운영하는 형태도 있다.

## ▶ 영재교육원

영재교육원은 크게 각 지역 교육청(교육지원청)에서 운영하는 경우와 대학 부설로 운영하는 경우가 있으며, 그 외에 과학고 부설로 운영하는 경우, 과학 전시관에서 운영하는 경우, 기타 단체 소속인 경우도 있다. 주로 방과후, 주말 또는 방학을 이용한 형태로 운영하고 있다.

| 영재 교육 기관 구분 | 선발 방법 | | 선발 시기 |
| --- | --- | --- | --- |
| | 방법 | GED 적용 | |
| 교육지원청 영재교육원 | 교사관찰·추천 | GED 적용 | 9월 ~ 12월 |
| 과학전시관 영재교육원 | | | |
| 단위 학교 영재 교육원(예술 분야 제외) | | | |
| 단위 학교 영재 학급(예술 분야) | | GED 미적용 | 3월 ~ 4월 |
| 단위 학교 영재 학급 | | | |
| 대학부설 및 유관기관 영재교육원 | | | 9월 ~ 이듬해 5월 |

| | 영재교육원 | | 영재학급 | 계 |
| --- | --- | --- | --- | --- |
| | 교육청 | 대학부설 | | |
| 기관수 | 252 | 85 | 2,114 | 2,451 |
| 영재교육을 받고 있는 학생 수 | 33,640 | 10,272 | 58,472 | 102,384 |
| 영재교육을 받고 있는 학생 비율 | 30.8% | 9.4% | 53.5% | 93.7% |

▲ 영재교육 기관 현황

## ▶ 영재교육 대상자 선발

영재 선발 방법은 어느 수준의 영재를 교육 대상으로 설정하느냐가 모두 다르기 때문에 영재 교육 기관(영재학교, 영재학급, 영재교육원)에 따라 선발 방법이 조금씩 다르다. 교육청 영재교육원에서만 한국교육개발원에서 개발한 영재행동특성 체크리스트(영재성 검사)를 이용하고, 다른 기관에서는 영재성 검사 도구를 자체 개발하여 선발에 사용한다.

# 영재교육원의 선발은 어떻게 진행되나요?

## ▶ GED(Gifted Education Database) 시스템

홈페이지 주소 : http://ged.kedi.re.kr

GED란 국가차원에서 영재의 선발·추천 및 영재 교육에 관련된 자료를 관리하기 위한 데이터 베이스이다. GED 사이트를 통해서 학생들은 영재교육 기관에 지원하고, 교사들은 학생을 추천하며, 영재교육기관에서는 이들을 선발한다.

## ▶ GED를 활용한 선발 과정(표준선발안)

| 단계 | 세부 내용 | 담당 | 기관 |
|---|---|---|---|
| 지원 | 지원서 작성 : 학생이 GED 시스템에서 온라인 지원<br>① GED 회원 가입 후 영재교육기관 선택<br>② 지원서 작성 및 자기체크리스트 작성 | 학생/<br>학부모 | 학생/<br>학부모 |
| 추천 | – 담임 교사가 GED 시스템에서 담당 학생의 체크리스트 작성<br>– 학교추천위원회에서 명단 확인 및 추천 | 담임/<br>추천 위원회 | 소속 학교 |
| 창의적 문제<br>해결력 평가 | 각 영재교육기관에서 진행하는 창의적 문제 해결력 평가<br>① 대상 : GED를 통한 학교추천위원회 추천자 전원<br>② 미술, 음악, 체육, 문예 분야는 실기 평가 포함 | 평가위원 | 영재교육기관 |
| 면접 평가 | 각 영재교육기관에서 진행하는 심층 면접 평가 | 평가위원 | 영재교육기관 |

★ 대학부설 영재교육원은 GED를 이용하여 학생을 선발하지 않고 별도의 선발 과정을 거친다.

## ▶ GED 시스템 선발 흐름도

| 학생 | 교원 | 학교추천위원 | 영재교육기관 |
|---|---|---|---|
| · 온라인 지원서 작성 (GED)<br>· 창의인성 체크리스트 작성 (GED)<br>· 지원서 출력 후 담임께 제출 | · 담임반 학생 지원서 취합 (GED)<br>· GED 명단 확인<br>· 영재행동특성 체크 리스트 작성 (GED)<br>· 학생 추천 (GED) | · 학교 추천자 명단 확인 (GED)<br>· 담임 교사의 체크 리스트 확인 (GED)<br>· 학생 추천 여부 심의 및 추천 (GED) | · 학생 추천 자료 검토 (GED)<br>· 창의적 문제 해결력 평가 실시<br>· 심층 면접 평가 실시<br>· 자료를 종합하여 최종 선발 |

# 영재교육원의 선발은 어떻게 진행되나요?

## ▶ 선발 방식의 이해

1단계는 교사 추천, 2단계는 영재성 검사에 의한 선별, 3단계에서는 창의적 문제 해결력 평가(영역별 학문적성검사) 실시, 최종 단계에서는 심층 면접을 통해서 선발하고 있다.

| 단계 | 특징 |
|---|---|
| 관찰 추천 | 교사용 영재행동특성 체크리스트, 각종 산출물, 학부모 및 자기소개서, 교사 추천서등을 활용하여 평가하는 단계 |
| 창의적 문제 해결력 평가 | 창의성, 언어, 수리, 공간 지각에 대한 지적 능력을 평가하는 단계로 정규 교육 과정상의 내용에 기반을 두면서 사고 능력과 창의성을 측정하는 것을 기본 방향으로 한다. |
| 심층 면접 | 이전 단계에서 수집된 정보로 확인된 학생의 특성을 재검증하고, 심층적으로 파악하는 단계로 예술 분야는 실기를 하거나 수학이나 과학에 대한 실험 평가를 할 수도 있다. |

## 각 소재 지역별 영재교육원 선발 과정

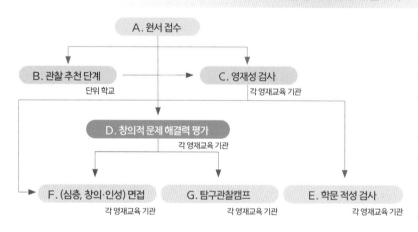

| 소재 지역 | 선발 과정 |
|---|---|
| 서울, 경기 | A → B → D → F |
| 충남 | A → B → C |
| 전남 | A → D → F |
| 목포 | A → D → G |
| 경남 | A → C → D → F |
| 경북 | A → B → C → D → F |
| 세종, 부산 | A → B → C |
| 강원도, 광주, 전북, 충북 | A → C → F |

## 심층 면접 과정의 예

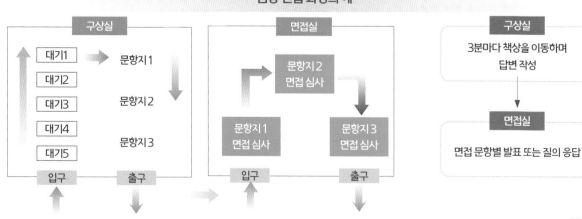

★ 각 지역별로 선발 과정이 다르므로 반드시 해당 영재교육원 모집 공고를 확인해야 한다.

★ 동일 교육청 소속 영재 교육원은 중복 지원할 수 없으며, 대학부설 영재교육원 합격자는 교육청 소속의 영재교육원에 중복 지원할 수 없다.

# 각 선발 단계를 **준비하는 방법**

## ▶ 교사 추천

교사는 평소 학교생활이나 수업시간에 학생의 심리적인 특성과 행동을 관찰하여 학생의 영재성을 진단하고 평가한다. 특히, 창의성, 호기심, 리더십, 자기주도성, 의사소통 능력, 과제집착력 등을 평가한다. 따라서 교사 추천을 받기 위한 기본적인 내신 관리를 해야 하며 수업태도, 학업성취도가 우수하여야 한다. 교과 내용의 전체 내용을 이해하고 문제를 통해 개념을 정리한다. 이때 개념을 오래 고민하고, 깊이 있게 이해하여 스스로 문제를 해결하는 능력을 키운다.

수업시간에는 주도적이고, 능동적으로 수업에 참여하고, 과제는 정해진 방법 외에도 여러 가지 다양하고 새로운 방법을 생각하여 수행한다. 수업 외에도 흥미를 느끼는 주제나 탐구를 직접 연구해 보고, 그 결과물을 작성해 놓는다.

## ▶ 영재성 검사

잠재된 영재성에 대한 검사로, 영재성을 이루는 요소인 창의성과 언어, 수리, 공간 지각 등에 대한 보통 이상의 지적 능력을 측정하는 문항들을 검사지에 포함시켜 학생들의 능력을 측정한다. 평소 꾸준한 독서를 통해 기본 정보와 새로운 정보를 얻어 응용하는 연습으로 내공을 쌓고, 서술형 및 개방형 문제들을 많이 접해 보고 논리적으로 답안을 표현하는 연습을 한다. 꾸러미시리즈에는 기출문제와 다양한 영재성 검사에 적합한 문제를 담고 있으므로 풀어보면서 적응하는 연습을 할수 있다.

## ▶ 창의적 문제 해결력(학문적성 검사)

창의적 문제 해결력 검사는 수학, 과학, 발명, 정보 과학으로 구성되어 있으며, 사고 능력과 창의성을 측정하는 것을 기본 방향으로 하여 지식, 개념의 창의적 문제해결력을 측정한다. 해당 학년의 교육과정 범위 내에서 각 과목의 개념과 원리를 얼마나 잘 이해하고 있는지 측정하는 검사이다. 심화 학습과 사고력 학습을 통해 생각의 깊이와 폭을 확장시키고, 생활 속에서 일어나는 일들을 학습한 개념과 연관시켜 생각해 보는 것이 중요하다. 꾸러미시리즈는 교육과정 내용과 심화 학습, 창의력 문제를 통해 기본 개념은 물론, 창의성을 넓게 기를 수 있도록 도와주고 있다.

## ▶ 심층 면접

심층 면접을 통해 영재 교육 대상자를 최종 선정한다. 심층 면접은 영재 행동특성 검사, 포트폴리오 평가, 수행평가, 창의인성검사 등에서 제공하지 못하는 학생들의 특성을 역동적으로 파악할 수 있는 방법이고, 기존에 수집된 정보로 확인된 학생의 특성을 재검증하고, 학생의 특성을 심층적으로 파악하는 과정이다. 이 단계에서 예술 분야는 실기를 실시할 수도 있으며, 수학이나 과학에 대한 실험을 평가하는 등 각 기관 및 시도교육청에 따라 형태가 달라질 수 있다.

면접에서는 평소 관심 있는 분야나 자기 소개서, 창의적 문제 해결력 문제의 해결 과정에 대해 질문할 가능성이 높다. 따라서 평소 자신의 생각을 논리적으로 표현하는 연습이 필요하다. 단답형으로 짧게 대답하기 보다는 자신의 주도성과 진정성이 드러나도록 자신있게 이야기하는 것이 중요하다. 자신이 좋아하는 분야에 대한 관심과 열정이 드러나도록 이야기하고, 평소 육하원칙에 따라 말하는 연습을 해 두면 많은 도움이 된다.

# 이 책의 구성과 특징

'영재교육원 대비 꾸러미120제'는 영재교육원 선발 방식, 영재성 평가, 창의적 문제 해결력 평가, 학문적성 검사, 심층 면접의 각 단계를 풍부한 컨텐츠로 평가합니다. 자기주도적인 학습으로 각 단계를 경험해 보세요.

## PART 1. 영재성 검사

영재성 검사 영역을 1. 일반 창의성 2. 언어/추리/논리 3. 수리논리 4. 공간/도형/퍼즐 5. 과학 창의성 으로 나누었습니다.
'꾸러미 120제 수학'에서는 2. 언어/추리/논리, 3. 수리논리 4. 공간/도형/퍼즐 세가지 영역의 문제를 내고 있고,
'꾸러미 120제 과학'에서는 1. 일반 창의성 2. 언어/추리/논리 5. 과학 창의성 세가지 영역의 문제를 내고 있습니다.

## PART 2. 창의적 문제해결 수학

각 선발시험의 기출문제를 기반으로 하고, 신유형 /창의 문제를 추가하여 단계별로 문제를 구성하였고 문제별로 상, 중, 하 난이도에 따라 점수 배분을 다르게 하고 스스로 평가할 수 있게 하여 단원 말미에 성취도를 확인할 수 있습니다.

## PART 3. STEAM / 심층면접

과학(S), 기술(T), 공학(E), 예술(A), 수학(M)의 융합형 문제를 출제하여 복합적으로 사고할 수 있도록 하였고, 영재교육원의 면접방식에 따른 기출문제로 면접 유형을 익히고 서술 연습할 수 있도록 하였습니다.

# CONTENTS
## 차례

## Part 1

# 영재성 검사

① 언어 / 추리 / 논리

② 수리논리

③ 공간 / 도형 / 퍼즐

S-A+F=2

영재교육원 기출 유형

**01.** 우리가 쓰는 단어 중에는 다른 단어의 의미를 포함하는 단어들이 존재한다. 아래의 예시를 살펴보자.

<예시>

제시단어 : 붙다, 합격하다, 기대다

위의 제시단어 중 나머지 단어의 의미를 모두 포함하는 한 단어는 붙다 이다.

나머지 단어의 의미를 포함하는 문장의 예는 다음과 같다.

⑴ 무한이는 열심히 공부해서 영재교육원에 합격했다. (붙었다.)

⑵ 상상이는 벽에 등을 기대고 (붙이고) 서 있다.

이처럼 한 단어가 다른 여러 가지 단어의 의미를 포함할 수 있는데, 다음 <보기>의 단어 중 나머지 단어의 의미를 모두 포함하는 한 단어를 찾고 각 단어의 의미를 포함하는 문장의 예를 예시와 같이 적어 보시오. [5 점]

> **보기**
>
> 이용하다　　　쓰다　　　들이다　　　괴롭다　　　덮다

<보기>의 단어 중 나머지 단어의 의미를 모두 포함하는 한 단어 : _____

각 단어의 의미를 모두 포함하는 문장의 예

(1). _____

(2). _____

(3). _____

(4). _____

**02.** 다음 <보기> 문장들의 [ ] 에 공통적으로 들어갈 수 있는 낱말의 기본형을 적으시오. [4 점]

보기

우리는 약속 시각 변경 문제를 [ ] 한참을 다투었다.

무한이의 예의 없는 행동을 [ ] 주변에서 말이 많다.

철로를 새로 [ ] 문제로 온 동네가 시끄럽다.

동생의 연락을 받고서야 마음이 [ ].

상상이는 양손 가득 들고 있던 짐을 바닥에 잠시 [ ].

**03.** 다음 <보기> 에 주어진 단어 쌍의 관계를 생각해보고 이와 같은 관계가 되도록 빈칸에 알맞은 단어를 적어 보시오. [4 점]

보기

개천    –    강    –    바다

(가) 모래    –    (          )    –    (          )

(나) 글자    –    (          )    –    (          )

(다) 나뭇잎    –    (          )    –    (          )

**04.** 재석, 명수, 준하, 하하, 광희 중 한 사람이 복권에 당첨되었다. 이 다섯 명이 <보기>와 같이 대화를 하고 있는데, 한 명은 거짓말을 하고 있다. 복권에 당첨된 사람은 누구일지 적어 보시오. [6 점]

> **보기**
>
> 재석 : 나는 복권에 당첨되지 않았어
>
> 명수 : 재석이나 내가 복권에 당첨된 게 확실해
>
> 준하 : 하하는 복권에 당첨되지 않았어
>
> 하하 : 복권에 당첨된 사람은 준하나 광희야
>
> 광희 : 준하와 나는 둘 다 복권에 당첨되지 않았어

**05.** 무한이, 상상이, 알탐이, 영재는 A 마을과 B 마을 중 한 곳에서 살고 있다. A 마을 주민은 항상 거짓만을 말하고 B 마을 주민은 항상 진실만을 말한다고 할 때, <보기>의 대화를 보고 이 네 명이 각각 어느 마을에 살고 있는지 적어 보시오. [5 점]

> **보기**
>
> 무한 : 상상이와 알탐이는 같은 마을에 살고 있어
>
> 상상 : 무한이와 나는 다른 마을에 살고 있어
>
> 알탐 : 무한이와 영재는 A 마을 주민이야
>
> 영재 : 나는 알탐이랑 같은 마을에 살고 있어

· A 마을 주민 : _____
· B 마을 주민 : _____

신유형 문제

## 06. 다음 제시문의 빈칸에 들어갈 단어를 <보기>에서 골라 알맞게 적어 보시오. [5 점]

최근 뉴스에서 10 년 뒤 엠파이어스테이트 빌딩만 한 크기의 소행성이 인공위성보다 낮은 높이로 지구를 스쳐 간다고 보도되었다. 현재로썬 이 소행성이 지구와 충돌할 가능성은 ( ㉠ ) 하다고 하지만 과학자들은 혹시 모를 사태에 대비해 벌써 감시 활동을 강화하고 있다. 애초 이 소행성은 통신위성 궤도인 고도 36,000 km ~ 40,000 km 사이 거리를 두고 지구를 지나갈 것으로 ( ㉡ ) 됐지만, 최근 궤도 계산에서 통과 고도가 더 낮아졌다. 다행히 충돌 가능성은 없는 것으로 밝혀졌다. 미국항공우주국(NASA)은 소행성 위협에 대비해 지구로부터 1,100 만 km 떨어진 지점에서 소행성에 우주선을 충돌시켜 궤도를 바꾸는 실험도 ( ㉢ ) 하고 있다.

보기

확실    예상    준비    진단    전무    실행    상이    명백    유도

㉠ - _____        ㉡ - _____        ㉢ - _____

**07.** 다음 <보기>의 상황을 읽고 물음에 답하시오. [6점]

> **보기**
>
> 무한이, 상상이, 알탐이 이 세 학생이 의자에 한 줄로 앉아서 앞을 바라보고 있다. 선생님이 이 세 학생에게 검은 모자 2개, 흰 모자 3개를 보여주고 눈을 감고 있는 동안 세 사람에게 모자를 씌웠다. 맨 뒤에 앉은 알탐이는 앞의 두 사람이 쓴 모자를 볼 수 있고, 가운데 앉은 상상이는 무한이가 쓰고 있는 모자만 볼 수 있으며, 무한이는 누구의 모자도 볼 수 없었다. 잠시 후 선생님이 알탐이에게 자기가 쓰고 있는 모자의 색깔을 물었을 때 "모르겠다"고 했고, 그다음 상상이에게도 자기가 쓰고 있는 모자의 색깔을 물었을 때 "모르겠다"고 했다. 마지막으로 무한이에게 모자의 색깔을 묻자 무한이는 "안다"라고 대답했다.

이 때 무한이가 쓰고 있는 모자의 색깔은 무슨 색일지 답하고 그 이유를 적으시오.

· 무한이가 쓰고 있는 모자의 색깔 :

· 이유 :

예시 답안 / 평가표
┈┈┈┈┈ > P.5

## 08. 다음 예시를 보고 물음에 답하시오. [5 점]

전제 1 : 부작용이 없는 약 중에서 어떤 약은 입에 쓰지 않다

전제 2 : 좋은 약은 모두 입에 쓰다.

항상 참인 결론 : 부작용이 없는 약 중에서 어떤 약은 좋은 약이 아니다.

예시와 같이 아래 < 보기 > 의 두 개의 전제에 대해 항상 참이 될 수 있는 결론을 고르시오.

**보기**

전제 1 : 꿈을 꾸는 모든 사람은 잠을 잘 자지 못한다

전제 2 : 커피를 마시는 사람 중에서 어떤 사람은 잠을 잘 잔다.

항상 참인 결론 : _____

ㄱ. 꿈을 꾸는 모든 사람은 커피를 마시지 않는다.

ㄴ. 커피를 마시지 않는 어떤 사람은 꿈을 꾼다.

ㄷ. 커피를 마시는 어떤 사람은 꿈을 꾼다.

ㄹ. 꿈을 꾸는 모든 사람은 커피를 마신다.

ㅁ. 커피를 마시는 어떤 사람은 꿈을 꾸지 않는다.

## 09. 다음 글을 읽고 질문에 답하시오. [5 점]

한 흑인 인권운동가가 SNS 에 올린 사진 한 장이 우리 사회의 무의식적 인종차별의식을 일깨워주었다. 그는 자신의 피부색과 같은 검은색 반창고를 붙인 사진을 SNS 에 올리며 45 년 만에 내 피부색과 같은 색의 반창고를 붙인 마음을 처음 알게 되었다고 썼다. 이 글은 네티즌 사이에서도 큰 화제가 되며 인지하지 못하는 곳에서도 인종차별이 일어난다는 점을 다시금 알게 해주었다. 이에 한 흑인 여성은 "나도 어릴 때 엄마에게 살 색 크레용은 왜 내 살 색과 다른지 물어본 적이 있었다" 며 크게 공감하였다.

▲ 흑인 인권운동가 반창고 사진

최근 우리나라의 다문화가정 학생 비율이 해마다 오르고 있다.

위의 글처럼 일상에서 다문화가정의 친구들이 차별받고 있었던 점은 어떠한 것이 있을지 적어보시오.

예시 답안 / 평가표
·········> P.7

**10.** 성진, 영훈, 종현, 지용 4명의 남학생과 은비, 희연, 혜진, 미경, 지민 5명의 여학생이 놀이공원에 놀러 갔다. 3명씩 나뉘어서 롤러코스터, 바이킹, 관람차를 타려고 하는데 아래의 <조건>에 따라 나뉜다고 한다. 이 9명 중 롤러코스터를 타러 가는 3명을 찾으시오. [5점]

<조건>

ㄱ. 성진이는 2명의 여학생과 같은 놀이기구를 타러 간다.

ㄴ. 지용이와 은비는 바이킹을 타러 간다

ㄷ. 혜진이는 관람차를 타러 가고, 미경이는 롤러코스터를 타러 간다.

ㄹ. 성진이, 영훈이, 희연이 중 혜진이와 같은 놀이기구를 타러 가는 사람은 없다.

ㅁ. 각 놀이기구에는 1명 이상의 남학생이 타러 간다.

# 2

영재성 검사 **수리논리**

**01.** 같은 양의 일을 마무리하는데 무한이가 혼자 하면 16 시간이 걸리고 상상이가 혼자 하면 20 시간이 걸린다. 이 일을 무한이와 상상이가 5 시간 동안 같이하고 남은 일은 상상이가 혼자 마무리하였다. 이와 같이 일을 할 때, 이 일을 마무리하는데 상상이가 일한 총 시간을 구하시오. [5 점]

전체 일의 양을 1 로 보고 각자의 시간당 일하는 양을 분수로 표현해 보자.

**02.** 다음은 알탐이네 가족의 1 년간 누적 월별 외식 비용을 나타낸 자료이다. 이 자료를 보고 다음 물음에 답하시오. [4 점]

**[누적 월별 외식 비용]**  (단위 : 만 원)

| 월 | 1월 | 2월 | 3월 | 4월 | 5월 | 6월 | 7월 | 8월 | 9월 | 10월 | 11월 | 12월 |
|---|---|---|---|---|---|---|---|---|---|---|---|---|
| 비용 | 25 | 40 | 40 | 40 | 85 | 130 | 160 | 160 | 160 | 160 | 180 | 235 |

다음 중 위 자료에 대한 설명으로 틀린 것을 고르시오.

㉠ 가장 외식을 많이 한 달에 쓴 금액은 55 만 원이다.

㉡ 외식을 하지 않은 달은 6 번이다.

㉢ 6 월의 외식 비용은 45 만 원이다.

㉣ 한 달 외식 비용으로 30 만 원 이상 쓴 횟수는 4 번이다.

㉤ 외식을 한 번이라도 한 달 중 가장 적은 외식 비용을 쓴 건 2 월이다.

예시 답안 / 평가표
··········> P.9

교육청 영재교육원 기출 유형

**03.** 다음 <보기> 에 나열된 수들은 일정한 규칙을 가지고 있다. 빈칸에 알맞은 숫자를 적으시오.  [4 점]

> **보기**
>
> 2 - 2 - 4 - 12 - 16 - 80 - 86 - (   )

영재교육원 기출 유형

**04.** 무한이는 일정한 규칙을 가지고 원판에 숫자를 넣었다. A 는 무슨 숫자일지 적고 찾은 규칙을 적으시오.  [5 점]

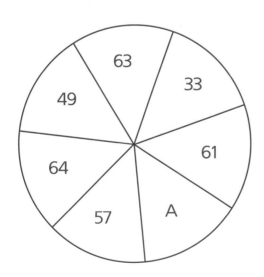

나열되어 있는 숫자를 보고 어떠한 규칙이 있는지 생각해보자.

**05.** 한 버스 회사는 아래 <조건> 에 따라 노선을 운행합니다. <조건> 을 보고 물음에 답하시오. (단, 한 노선에는 같은 번호의 버스 여러 대가 운행한다.) [5 점]

세 종류의 버스가 동시에 출발하는 시간대가 어떤 의미를 갖는 것인지 생각해보자.

<조건>

· 노선은 A, B, C 세 종류가 운행되며, 모두 05:30 에 첫 출발 한다. 마지막 버스의 출발시간은 23:00 를 넘을 수 없다.

· 각 노선의 운행 간격은 일정하며, 노선 A 는 9 분, 노선 B 는 12 분, 노선 C는 30 분 간격으로 운행된다.

· 05:30 에 세 종류의 버스가 동시에 출발한 후, 세 종류의 버스가 동시에 차고로 들어오는 것이 두 번째가 되면, 한 시간 동안 식사시간을 가진다.

· 식사시간이 끝난 후 세 종류의 버스가 다시 동시에 출발한다.

(1) 이 버스 회사의 식사시간은 몇 시부터인지 구하시오.

(2) 식사시간 이후 노선 A 의 버스와 노선 C 의 버스가 동시에 출발하는 시간대를 모두 구하시오. (단, 점심시간이 끝난 직후에 세 종류의 버스가 동시에 출발하는 경우는 제외한다.)

예시 답안 / 평가표
> P. 10

교육청 영재교육원 기출 유형

## 06.

무한초등학교 6 학년 학생들이 수학여행을 떠났다. 조별로 나누어서 레크리에이션을 진행하려 하는데, 4 명씩 조를 짜면 2 명이 남고, 5 명씩 조를 짜면 3 명이 남고, 6 명씩 조를 짜면 4 명이 남았다. 수학여행 참석인원은 몇 명일지 적어보시오. (단, 무한초등학교 6 학년 정원은 250 명이며, 수학여행은 200 명 이상이 참가하였다.) [6 점]

문제의 조건을 만족하기 위해서는 수학여행 참석인원이 어떠한 꼴로 표현될 수 있어야 하는지 생각해보자

조를 어떻게 나눠볼까?

**07.** 무한이는 총 질량을 모르는 8 % 농도의 소금물에 14 % 농도의 소금물을 섞어서 12 % 농도의 소금물을 만들려고 한다. 8 % 농도의 소금물이 14 % 농도의 소금물보다 200 g 적을 때, 섞어서 만들어진 12 % 농도의 소금물에 녹아있는 소금의 양을 구하시오. [5 점]

농도 구하기

소금물의 농도
= $\dfrac{\text{소금의 양}}{\text{소금물의 총 질량}} \times 100$

 **+**  **=**

| A g | (A + 200) g | (2 A + 200) g |
| :---: | :---: | :---: |
| 8 % 소금물 | 14 % 소금물 | 12 % 소금물 |

신유형 문제

**08.** 연말에 무한이네 커플을 포함한 네 쌍의 커플이 모여서 파티를 했다. 참석한 8 명은 서로 처음 봤으면 악수를 하고, 본적이 있었으면 악수를 하지 않았다. 파티가 끝난 후 무한이가 여자친구를 포함한 모든 사람에게 악수한 횟수를 물었더니, 7 명의 악수한 횟수가 모두 달랐다. 이럴 경우 무한이가 악수한 횟수는 몇 번일지 구하시오. [6 점]

본인과 본인의 여자친구는 본적이 있는 사람이므로 가장 많이 악수할 수 있는 횟수는 6 번이에요.

만나서 반가워요!

**09.** 무한이는 계단을 올라갈 때 한걸음에 최대 세 계단을 올라갈 수 있다. 무한이가 7개의 계단으로 된 한 층을 올라가는 방법은 총 몇 가지 인지 구하시오. [5점]

7을 1, 2, 3의 합으로 표현할 수 있는 방법을 생각해보자.

어떤 방법으로 올라갈까?

예시 답안 / 평가표
··········> P.13

교육청 영재교육원 기출 유형

**10.** 무한이, 상상이, 알탐이 세 명의 학생이 O, X 문제 10 개로 된 시험을 치른 결과 각자의 답안과 그 결과가 아래와 같았을 때, 다음 질문에 답하시오. [5 점]

문항별로 서로 비교해 보면서 정답이 무엇일지 유추해보자.

| 문항번호 | 1 | 2 | 3 | 4 | 5 | 6 | 7 | 8 | 9 | 10 | 맞춘갯수 |
|---|---|---|---|---|---|---|---|---|---|---|---|
| 무한이 | O | O | O | O | X | X | O | X | O | X | 6 개 |
| 상상이 | O | X | X | O | X | O | O | O | X | O | 8 개 |
| 알탐이 | X | O | X | X | X | O | X | X | X | O | 7 개 |

(1) 이 O, X 시험의 정답표를 작성하시오.

| 문항번호 | 1 | 2 | 3 | 4 | 5 | 6 | 7 | 8 | 9 | 10 |
|---|---|---|---|---|---|---|---|---|---|---|
| 정답 | | | | | | | | | | |

(2) 이 시험을 푼 또 다른 학생인 영재의 답안이 아래와 같을 때, 영재가 맞춘 갯수를 구하시오.

| 문항번호 | 1 | 2 | 3 | 4 | 5 | 6 | 7 | 8 | 9 | 10 |
|---|---|---|---|---|---|---|---|---|---|---|
| 영재 | O | X | X | O | X | O | X | X | X | O |

## 영재성 검사  수리논리

**11.** 다음 <보기> 는 일곱 자리 수를 두 자리 수로 나누는 과정을 보여준다. 이 과정을 보고 나누기 전 일곱 자리 수를 구하시오. [5 점]

> 몫이 다섯 자리 수이지만 나눗셈은 세 번의 연산과정으로 끝난다는 걸 잘 생각해보자.

**보기**

```
               □ □ 8 □ □
       ┌──────────────────
   □ □ │ □ □ □ □ □ □ □
         □ □ □
       ─────────
           □ □
           □ □
         ─────────
             □ □ □
             □ □ □
           ─────────
                   1
```

예시 답안 / 평가표
·········> P. 15

**12.** 무한이네 반 총원은 36 명이다. 체육대회가 끝나고 다 같이 먹을 피자를 18 판 시켰다. 다음 글을 읽고 질문에 답하시오. (단, 피자는 자른 상태로 배달오지 않는다.) [4 점]

피자집의 실수로 18 판이 아닌 13 판만 배달을 왔다. 무한이는 모두에게 동일한 양으로 분배를 하고 싶은데 피자 한 판을 36 등분해서 13 조각씩 나눠주는 방법이 있으나, 너무 작은 조각으로 나눠게 되어서 좀 더 큰 조각으로 나눠줄 방법을 생각해 보았다.

모두 동일한 양의 피자를 나눠줘야 하고, 최대한 크게 잘라 주고자 할 때, 어떤 방법으로 피자를 잘라 나눠줘야 할지 적어 보시오.

교육청 영재교육원 기출 유형

**13.** 다음 <보기> 는 순서대로 나열된 1 ~ 9 사이에 + 또는 − 부호를 총 7 개 넣어서 100 을 만드는 방법을 보여주고 있다. 다음 질문에 답하시오. [5 점]

> **보기**
>
> 1 2 3 4 5 6 7 8 9 = 100 을 만족하기 위해서는 아래와 같이 +, − 부호를 사용해야 한다.
>
> → 1 + 2 + 3 − 4 + 5 + 6 + 78 + 9 = 100

⑴ + 또는 − 부호를 총 3 개만 사용해서 100 을 만들어 보시오.

1 2 3 4 5 6 7 8 9 = 100

⑵ 9 8 7 6 5 4 3 2 1 = 99 가 있을 때, 수 사이에 + 를 넣어 식을 만족하기 위해서는 6 개 또는 7 개의 + 를 넣어야 한다. 각각의 방법을 찾으시오. (단, 6 개, 7 개를 넣을 때 각각 한 가지 방법만이 존재한다.)

ⓐ 6 개의 + 를 사용하여 만드는 방법

9 8 7 6 5 4 3 2 1 = 99

ⓐ 7 개의 + 를 사용하여 만드는 방법

9 8 7 6 5 4 3 2 1 = 99

**14.** 무한이는 수학 문제집을 구입하여 하루에 20 문제씩 풀기로 결심하였다. 하지만 처음에는 너무 어려워서 하루에 10 문제씩 총 문제 수의 절반을 풀었고, 하루에 20 문제씩 풀겠다는 결심을 지키기 위해 이후에는 하루에 30 문제씩 풀어서 문제집의 문제를 모두 풀었다. 무한이는 하루에 20 문제씩 풀겠다는 결심을 지킨 것인지에 대해 자신의 생각을 적어 보시오. [4 점]

**15.** 한쪽 면이 빨간색, 반대쪽 면은 파란색인 카드가 50 장 있다. 이 50 장의 카드 양면에 1 ~ 50 까지의 번호를 적고(앞, 뒤 같은 번호) 모두 빨간색인 면이 보이게 놓은 뒤, 50 명의 학생들이 아래 <규칙> 에 따라 카드를 뒤집는다고 한다. 다음 물음에 답하시오. (단, 학생들도 1 ~ 50 번까지의 번호를 겹치지 않게 부여받고 번호순으로 <규칙> 에 따라 카드를 뒤집는다.) [5 점]

다시 빨간색인 면에 보이기 위해선 몇 번 뒤집어야 하는지 생각해 보자.

<규칙>

· 1 번 학생은 모든 카드를 뒤집는다.

· 2 번 학생은 2 의 배수가 적힌 카드를 뒤집는다.

· 3 번 학생은 3 의 배수가 적힌 카드를 뒤집는다.

· · ·

· 50 번 학생은 50 의 배수가 적힌 카드를 뒤집는다.

1 번 학생부터 50 번 학생까지 모든 학생이 카드뒤집기를 완료하면 빨간색인 면이 보이는 카드는 몇 장일지 구하시오.

예시 답안 / 평가표
·········> P.17

**16.** 영재는 집에서 저녁을 먹고 시계를 봤을 때 여섯 시 ~ 일곱 시 사이 였고, 그때 영화를 보러 나갔다. 다시 집으로 돌아온 시간대가 아홉 시 ~ 열 시 사이인데, 나갈 때의 시간과 돌아왔을 때의 시간이 서로 정확히 분침과 시침의 위치가 바뀐 시간이었다. 영재가 나간 시간과 들어온 시간은 각각 몇 시일지 구하시오. [6 점]

분침은 시침보다 12 배 빠르게 움직여요.

▲ 나갈 때의 시간

▲ 들어올 때의 시간

영재성 검사 **수리논리**

**17.** 어느 콘서트에서 입장할 때 선착순 10000 명에게 행운의 번호가 적혀 있는 추첨권을 나눠주었다. 추첨권에는 1 ~ 10000 까지의 숫자가 적혀 있으며 아래의 규칙에 따라 당첨번호를 찾는다고 한다. 3 월 27 일에 한 콘서트의 추첨권 당첨번호를 적으시오. [5 점]

<규칙>

ⓐ 1 ~ 10000 까지의 수를 오름차순으로 정렬시킨다.

ⓑ 콘서트 날짜의 십의 자리 수가 1, 3 이면 홀수 번째 수를 모두 없애고 0, 2 면 짝수 번째 수를 모두 없앤다. (ex. 17 일이면 홀수 번째를 모두 없앤다.)

ⓒ 남은 수를 다시 오름차순으로 정렬시키고 ⓑ 시행을 콘서트 날짜의 일의 자리 수만큼 반복한다. (일의 자리 수가 0 이면 ⓐ 에서 바로 ⓓ 를 시행)

ⓓ 위의 시행을 마친 후 남은 수를 오름차순으로 정렬시키고 콘서트를 1 월에 했으면 1 번째, 2 월에 했으면 2 번째, ....., 12 월에 했으면 12 번째에 있는 수가 당첨번호가 된다.

예시 답안 / 평가표
··········> P. 18

교육청 영재교육원 기출 유형

**18.** 12 개의 동전이 있는데 이 중 11 개의 정상 동전은 서로 무게가 같고, 1 개의 가짜 동전은 나머지와 무게가 다르다. 양팔 저울을 세 번만 사용해서 가짜 동전을 찾는 방법을 적어 보시오. (단, 동전의 무게 차이는 손으로 들었을 때는 알 수 없다.) [6 점]

12 개의 동전을 4 개씩 분류해서 생각해보자.

같은 갯수를 양쪽에 올리면...

영재교육원 기출 유형

**19.** 다음 <보기> 는 한 변의 길이가 1 인 정육면체 모양의 쌓기나무를 쌓아 만든 길이가 다른 정육면체들의 예를 나타낸 것이다. 다음 물음에 답하시오. [5 점]

> 변의 길이가 다른 정육면체를 만들 때, 쌓기나무가 필요한 갯수의 규칙을 찾아보자.

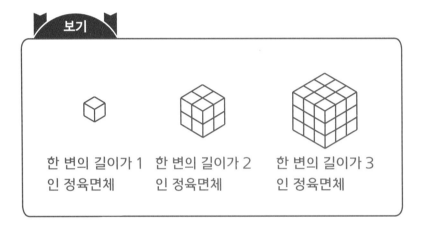

보기

한 변의 길이가 1    한 변의 길이가 2    한 변의 길이가 3
인 정육면체          인 정육면체          인 정육면체

한 변의 길이가 1 인 정육면체 모양의 쌓기나무 1,000,003 개가 있다. 이 1,000,003 개의 쌓기나무들을 남기지 않고 써서 한 변의 길이가 1 이 아닌 정육면체 3 개를 만들 수 있는지 생각해보고 안된다면 그 이유를 적으시오. (단, 만든 3 개의 정육면체의 한 변의 길이가 서로 같을 필요는 없다.)

*신유형 문제*

**20.** 무한초등학교 6학년은 6개의 반으로 이루어져 있다. 각 반 대표를 한 명씩 뽑아 팔씨름 시합을 하는데, 리그전 형식으로 진행한다고 한다. 진행하는 도중에 각 반 대표에게 시합한 횟수를 물어봤는데, 1 ~ 5반 대표들이 시합한 횟수가 자기의 반 번호와 같다고 답하였다. 그 시점에 6반 대표는 몇 번 시합했다고 답했을지 적어보시오. [5점]

리그전은 모든 선수가 1번씩 시합하는 경기방식을 의미해요.

영재교육원 기출 유형

**01.** 다음과 같이 정사각형의 종이를 접어서 구멍을 뚫은 후 다시 펼쳤을
때의 모습을 그리시오. [5 점]

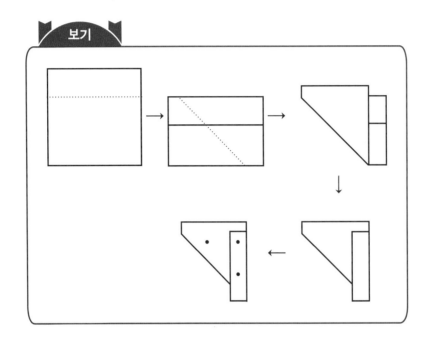

보기

영재교육원 기출 유형

**02.** 다음 <보기> 와 같이 가로, 세로, 대각선 중 한 곳으로 숫자가 차례대로 이어지도록 1 ~ 49 까지 수를 채워 넣으시오.  [5 점]

부분별로 나누어서 이어가보자.

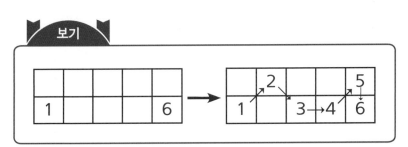

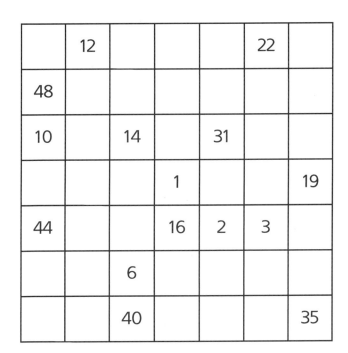

**03.** 다음 <보기> 의 퍼즐 조각들을 모두 이용하여, 아래의 9 × 4 직사각형을 채워보시오. (단, <보기> 의 도형은 회전하거나 뒤집을 수 없다.) [4 점]

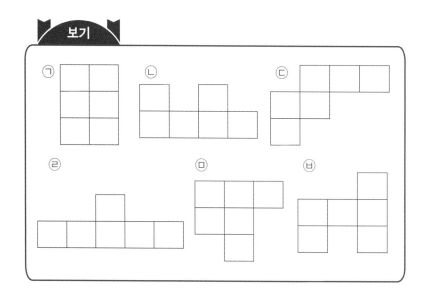

· 두꺼운 선으로 나타내고 각 도형에 기호를 표시해보세요.

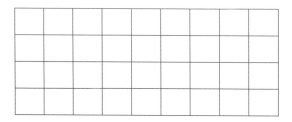

영재교육원 기출 유형

## 04. 다음 <보기> 의 전개도 중 접었을 때 완성되는 입체도형이 나머지와 다른 한 가지 전개도를 찾으시오. [5 점]

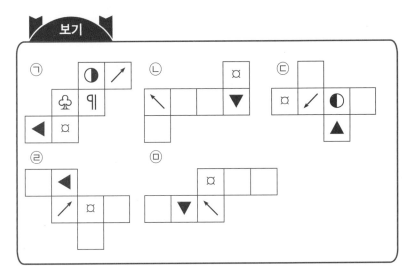

## 05. 정육면체의 전개도는 총 11 가지로 표현될 수 있다. 이 11 가지의 서로 다른 전개도를 그려보시오. (전개도를 뒤집거나 회전했을 때 같은 모양의 전개도는 같은 전개도로 본다.) [5 점]

교육청 영재교육원 기출

**06.** 한 변의 길이가 10 cm 인 정사각형 모양의 색종이를 하나의 직선으로 잘라 둘로 만들려고 한다. 잘린 두 도형의 각 변의 길이는 최소 1 cm 가 되어야 한다. 잘린 두 도형의 변을 서로 맞닿아서 만들어지는 도형의 둘레가 최대가 되도록 하려고 한다. 다음 물음에 답하시오. (단, 두 도형의 변이 서로 맞닿을 때, 짧은 변이 긴 변에 모두 포함되도록 붙여야 한다.) [6 점]

둘레가 최대가 되기 위해선 어떻게 자르면 좋을지 생각해보자.

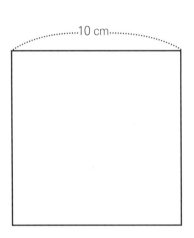

ⓐ 색종이를 어떻게 잘라야 할지 설명하시오.

ⓑ 잘린 두 도형을 맞붙이는 방법에 대해 설명하시오.

예시 답안 / 평가표
·············> P. 25

## 07.

다음 <보기> 의 정사각형 내부의 도형들은 일정한 규칙으로 움직이고 있다. 빈칸에 알맞은 도형을 고르고, 규칙을 적으시오. [4 점]

각 도형이 움직이는 규칙을 파악해요.

**보기**

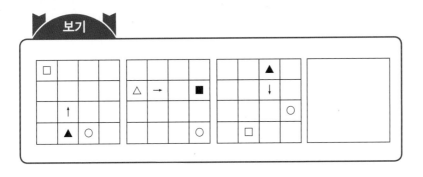

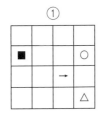 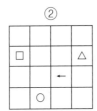 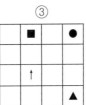 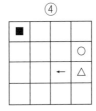

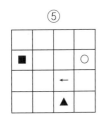 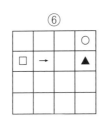 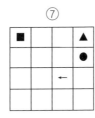 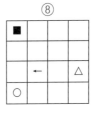

빈칸에 알맞은 도형 :

각 도형이 움직이는 규칙 :

영재교육원 기출 유형

**08.** 투명한 정육면체와 검은색 정육면체를 이용하여 <보기> 와 같은 직
육면체를 만들었다. 이 직육면체를 앞에서 본 모양과 오른쪽에서 본
모양을 보고 이 직육면체를 위에서 본 모양을 그려보시오. [5 점]

층별로 가능한 정육면체
의 색을 생각해보자.

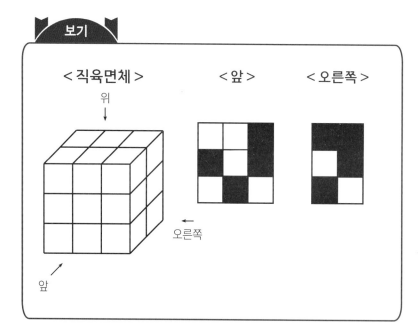

**09.** 그림과 같이 같은 모양의 도형들로 서로 겹치거나 틈이 생기지 않게
늘어놓아 평면을 덮는 것을 '테셀레이션' 이라 한다. 정다각형 중 그
한 가지 종류로 테셀레이션이 가능한 정다각형은 모두 몇 가지인지 생
각해보고 그 이유에 대해서 설명하시오. [5 점]

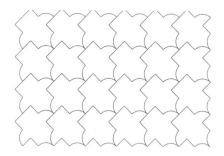

예시 답안 / 평가표
·········> P. 27

교육청 영재교육원 기출 유형

**10.** 아래 그림과 같이 성냥개비 40 개가 배열되어 있다. 이 그림에는 1 × 1 정사각형 16 개, 2 × 2 정사각형 9 개, 3 × 3 정사각형 4 개, 4 × 4 정사각형 1 개, 총 30 개의 정사각형이 있다. [4 점]

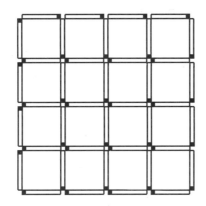

이 성냥개비 중 9 개만 빼내서 정사각형이 단 1 개도 없도록 만들어 보시오.

영재교육원 기출 유형

**11.** 다음 <보기> 는 작은 정육면체를 붙여서 입체도형을 만든 후 그 입체
도형을 앞, 위, 오른쪽에서 본 모습이다. 이 입체도형은 몇 개의 작은
정육면체를 붙여 만든 것인지 적으시오. [6 점]

세 방향의 모양을 생각해
서 대략적인 입체도형의
모습을 상상해보자.

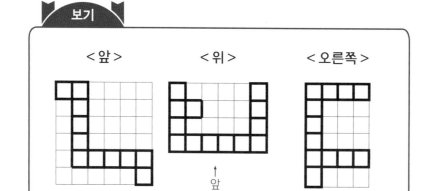

예시 답안 / 평가표
·········> P.29

**12.** 다음 그림은 정사각형 모양으로 9 개의 점이 있을 때, 이 9 개의 점을 모두 지나면서 최소 갯수의 선분으로 한붓그리기를 하면 4 개의 선분을 이어서 그리면 된다는 것을 보여준다. 다음 물음에 답하시오. [5 점]

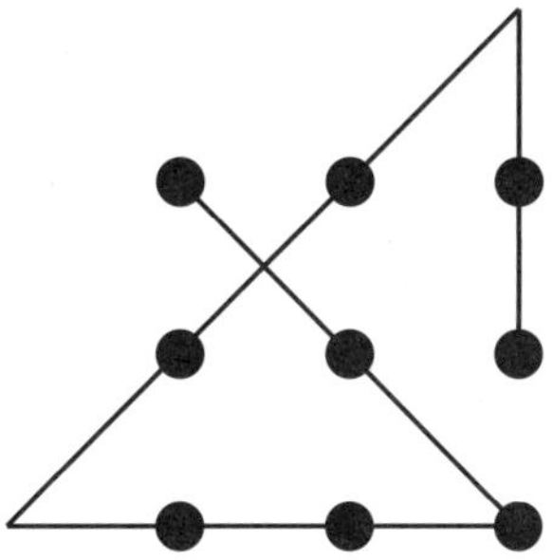

(1) 정사각형 모양으로 16 개의 점이 있을 때 최소 갯수의 선분으로 모든 점을 지나는 한붓그리기를 해보시오.

(2) 정사각형 모양으로 25 개의 점이 있을 때 최소 갯수의 선분으로 모든 점을 지나는 한붓그리기를 해보시오.

**13.** 다음 <보기> 의 입체도형 중 나머지와 다른 입체도형 한 가지를 고
르시오. [4 점]

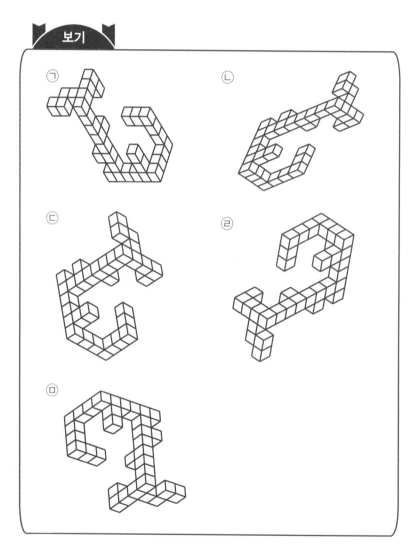

예시 답안 / 평가표
·········> P. 32

영재교육원 기출 유형

**14.** 아래 <보기> 의 8 × 8 정사각형을 크기와 모양이 똑같은 4 조각으로 잘라보시오. (단 모든 조각에는 ★ 이 1 개씩 포함된다.) [6 점]

8 × 8 정사각형을 크기와 모양이 똑같은 4 조각으로 자르려면 1 조각에 포함되는 칸은 16 칸이에요.

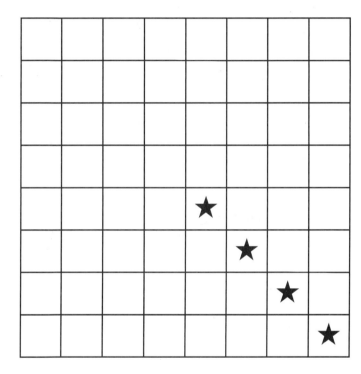

**15.** 아래 그림은 두 개의 정삼각형을 붙여 만든 육각별 모양의 도형이다.
○ 에 1 ~ 12 까지의 자연수를 한 번씩만 사용하여 채우되 삼각형의
각 변에 있는 4 개의 수 합이 26 이 되도록 채워보시오. [6 점]

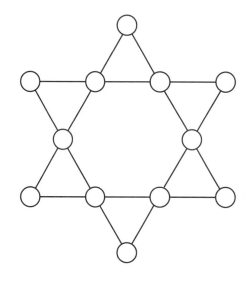

**16.** 무한이는 아래와 같이 정사각형들이 붙어서 만들어진 도형의 각 정사각형에 색을 칠하려 한다. 같은 색을 여러 번 사용할 수 있으나 서로 맞붙어있는 각 정사각형에는 다른 색을 칠해서 구분하고자 할 때, 모든 사각형을 칠하기 위해서는 최소 몇 가지 색이 필요할까? [5 점]

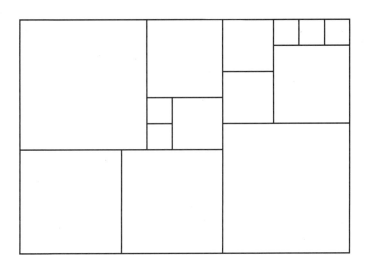

**17.** 다음 그림의 직사각형 안에는 각각 평행한 12 개의 선분이 있다. 이 직사각형을 <보기> 와 같이 한 번만 직선으로 자른 뒤 임의로 움직이고 붙여서 그 도형의 외부 테두리 내부에 있는 선분을 11 개로 만들어 보시오. (단, 내부의 선분을 따라서 자르지 않으며 직선으로 연결된 두 개의 선분은 한 개로 본다. 자른 두 도형이 맞닿는 변은·선분으로 치지 않는다.) [5 점]

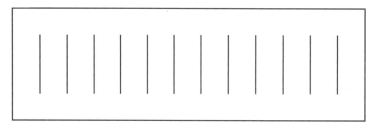

**보기**

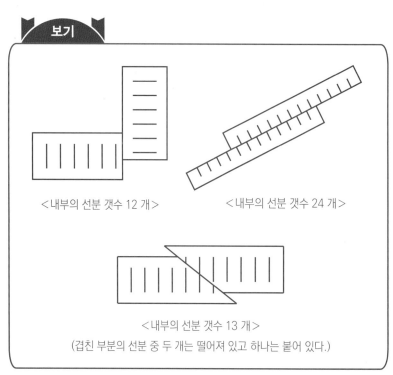

<내부의 선분 갯수 12 개>    <내부의 선분 갯수 24 개>

<내부의 선분 갯수 13 개>
(겹친 부분의 선분 중 두 개는 떨어져 있고 하나는 붙어 있다.)

영재교육원 기출 유형

**18.** 다음 <규칙> 과 <보기> 는 하노이의 탑 게임 규칙과 원판이 3 개일 때의 게임 진행 예시를 보여주고 있다. 규칙을 읽고 원판이 4 개, 5 개일 때 기둥 1 에서 기둥 3 으로 옮기기 위한 최소 횟수를 구하고 그 결과를 토대로 원판이 8 개일 때 기둥 1 에서 기둥 3 으로 옮기기 위한 최소 횟수는 몇 번일지 구하시오. [5 점]

원판이 4 개일 경우 위에서 3 개의 원판을 먼저 기둥 2 로 옮긴 후, 가장 큰 원판을 기둥 3 으로 옮기고 다시 3 개의 원판을 기둥 3 으로 옮겨요.

<규칙>

ⓐ 기둥 1 에는 아래부터 크기순으로 원판이 꽂혀 있다. 이 원판들을 아래의 규칙 ⓑ, ⓒ 에 따라 원래 꽂혀 있는 순으로 다른 기둥으로 전부 옮긴다.

ⓑ 원판은 1 개씩 옮길 수 있으며 세 개의 기둥 중 하나에 꽂은 뒤, 다른 원판을 움직일 수 있다.

ⓒ 큰 원판은 작은 원판 위에 올릴 수 없다.

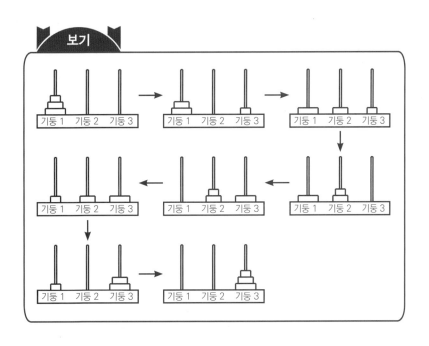

영재교육원 기출 유형

**19.** 아래 그림과 같이 35개의 성냥개비가 나선형으로 놓여 있다. 이 중 4 개만 움직여서 정사각형 3개를 만들어 보시오. [5점]

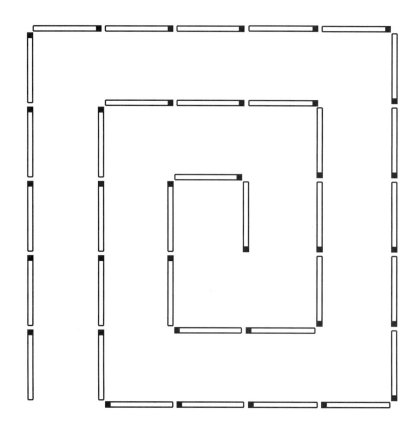

**20.** 그림과 같이 성냥 15 개가 나열되어 있다. 무한이는 아래 규칙에 따라 이 성냥들을 3 개씩 5 묶음으로 만들고자 한다. 무한이는 어떤 순서로 이 성냥들을 묶었을지 과정을 적으시오. [5 점]

<규칙>

ⓐ 한 번에 하나의 성냥만 옮길 수 있으며, 좌우 관계없이 성냥 3 개를 넘어간 뒤 4 번째 성냥 위에 올린다.

ⓑ 한 번 움직인 성냥은 다시 움직일 수 없다.

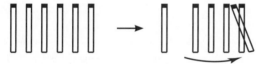

ⓒ 하나의 성냥이 올라가서 두 개가 된 성냥은 옮길 수 없다.

ⓓ 하나의 성냥이 올라가 있는 성냥을 넘을 때는 2 개를 넘어간 것으로 한다.

## Part 2

# 창의적 문제해결력 수학

## ④ 창의적 문제해결력

영재교육원 기출 유형

**01.** 어떤 네 자리 자연수의 일의 자리 숫자와 천의 자리 숫자를 서로 바꾸었더니 처음 수보다 6993 작은 자연수가 되었다. 가능한 처음 네 자리 자연수의 개수를 구하고 그 구하는 과정을 쓰시오. [5 점]

1230 과 같은 수를 일의 자리와 천의 자리 숫자를 바꾼 수 0231 은 231 과 같은 수예요.

교육청 영재교육원 기출

**02.** 무한이는 1, 4, 5, 6, 8 을 한 번씩만 사용하여 다섯 자리 수를 만들었고, 상상이는 0, 2, 3, 7, 9 를 한 번씩만 사용하여 다섯 자리 수를 만들었다. 상상이가 만든 수는 무한이가 만든 수의 5 배이고, 무한이가 만든 수는 상상이가 만든 수에서 0 을 제외한 네 자리 수의 2 배가 된다. 무한이와 영재가 만든 두 수의 쌍을 6 가지 구하시오. [5 점]

다섯 자리 수가 되기 위해서는 맨 앞자리 수가 0 이 되면 안되요.

**03.** 내각의 크기가 30°, 60°, 90° 인 서로 합동인 삼각형들을 <보기>
와 같이 붙여 나갈때, 다음 물음에 답하시오.  [5 점]

내각의 크기를 생각하고 완성된 도형을 그려봐요.

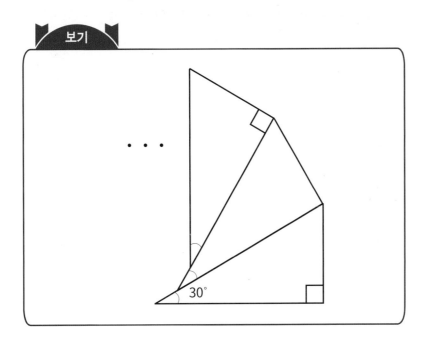

(1) 삼각형들이 겹치지 않도록 <보기> 와 같이 붙여 나갈 때 삼각형은
최대 몇 개까지 붙일 수 있는가?

(2) 최대한 붙였을 때, 완성된 도형은 어떠한 도형이 될지 구체적으로 서
술하시오.

# 4 창의적 문제해결력 1회

영재교육원 기출 유형

**04.** 둘레의 길이가 400 m 의 원형트랙에 무한이와 상상이가 같은 자리에 서 있었다. 서로 반대방향으로 걸어가는데 3 분만에 처음 만났고 이때 무한이가 걸어온 길이는 120 m 였다. 그로부터 5 분 뒤에 무한이와 상상이가 두 번째로 만나게 되었는데, 두 번 만날 동안 무한이의 평균 속력이 45 m/분 이었다. 이 때 상상이의 평균 속력은 얼마인지 구하시오. [5 점]

평균속력

$$= \frac{총\ 진행\ 거리}{총\ 시간}$$

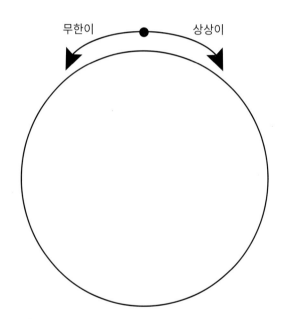

무한이 　　　　　　상상이

**05.** 영재와 알탐이가 20 개의 문제를 풀고 있는데, 아래 <조건> 에 따라 점수를 계산한다고 한다. <조건> 을 읽고 다음 물음에 답하시오. [5 점]

둘 다 맞춘 문항은 몇 개일
지 먼저 생각해봐요.

<조건>

· 같은 문항을 둘 다 맞춘 경우 둘 다 3 점씩 얻는다.

· 같은 문항을 둘 중 한 명만 맞춘 경우 맞춘 사람은 4 점을 얻고, 틀린 사람은 1 점을 감점한다.

· 같은 문항을 둘 다 틀릴 경우 점수는 그대로이다.

이 문제들을 풀었을 때 둘 다 틀린 문항은 2 개였고, 영재가 맞춘 총 문제 수와 알탐이가 틀린 총 문제 수가 같았다. 영재의 점수가 50 점일 때 알탐이의 점수를 구하시오.

영재교육원 기출 유형

**06.** 무한이는 용량이 같은 두 통에 A 호스와 B 호스를 연결하여 물을 채워 넣으려 한다. A 호스는 연결하고 바로 물을 받을 수 있고 1 분에 5 L 씩 채울 수 있으며, B 호스는 연결하고 15 분 후부터 물을 받을 수 있고 1 분에 8 L 씩 채울 수 있다. 두 개의 호스를 동시에 연결해서 두 통에 각각 물을 받기 시작했을 때, 두 통의 물의 양이 같아지는 것은 몇 분이 지난 후인지 구하시오.  [4 점]

**07.** 학용품 만드는 회사에서 하루에 만든 제품의 갯수와 불량률이 아래의 <보기> 와 같았다고 한다. 이 6 개의 제품 중 무작위로 1000 개를 뽑아서 불량품 체크를 했을 때, 불량품은 몇 개가 나올 것인지 적어보시오.  [4 점]

불량률은 생산된 제품 가운데 잘못 만들어진 것의 비율이에요.

**보기**

| 제품명 | 만든 갯수 | 불량률 |
|---|---|---|
| 펜 | 5,200 개 | 2 % |
| 연필 | 4,600 개 | 2 % |
| 화이트 | 1,300 개 | 4 % |
| 커터칼 | 1,800 개 | 1 % |
| 지우개 | 4,400 개 | 5 % |
| 공책 | 2,700 개 | 2 % |

신유형 문제

**08.** 무한이는 $\frac{1}{3} + \frac{1}{9} + \frac{1}{27} + \frac{1}{81} + \cdots$ 을 계산하려 한다. 다음 <보기> 의 정사각형들이 나열된 그림을 이용하여 위의 식을 계산하는 방법을 생각해보고 답을 구해보시오.  [7 점]

삼각형들의 닮음을 이용해봐요.

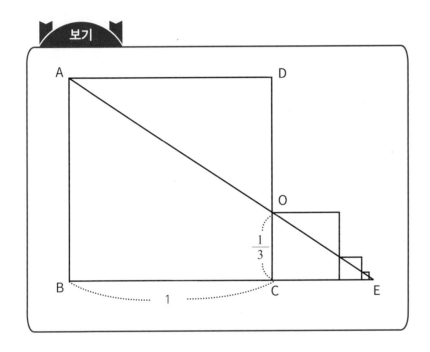

<보기> 를 이용하여 계산하는 방법 :

정답 :

영재교육원 기출 유형

**09.** 아래 그림과 같이 삼각형 ABC 가 있다. 이 삼각형에서 $\overline{BD} : \overline{CD} = 1$ : 2 이고, $\overline{CE} : \overline{AE} = 3 : 4$ 이다. 이 삼각형을 그림과 같이 3 개의 직선을 이용하여 6 개의 작은 삼각형으로 나누었을 때 생기는 작은 삼각형 BOD 의 넓이를 S 라고 할 때, 삼각형 ABC 의 넓이를 S 로 표현하시오. [6 점]

작은 삼각형들의 넓이를 비례식을 이용하여 표현해봐요.

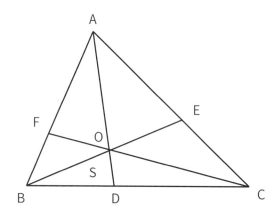

영재교육원 기출 유형

**10.** 무한이는 <보기> 와 같이 단계별로 나무블록을 쌓고 있다. 다음 물음에 답하시오. [6 점]

나무블록으로 만들어진 도형에서 색이 칠해지지 않은 나무블록은 어떤 도형일지 생각해봐요.

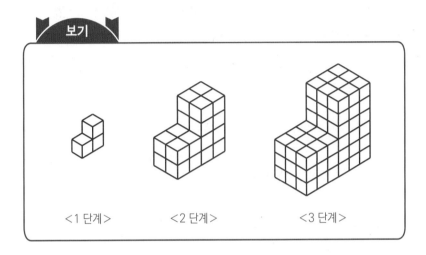

보기

<1 단계>        <2 단계>        <3 단계>

(1) 무한이는 나무블록을 <보기> 와 같이 3 단계까지 쌓은 후 밑면을 포함한 겉면에 색을 칠하였다. 3 단계의 나무블록 중 단 한 면에도 색이 칠해져 있지 않은 나무블록은 총 몇 개인지 구하시오.

(2) <보기> 의 규칙대로 4 단계 나무블록을 쌓았다고 할 때, (1) 과 마찬가지로 색을 칠한다면 4 단계의 나무블록 중 단 한 면에도 색이 칠해져 있지 않은 나무블록은 총 몇 개인지 구하시오.

영재교육원 기출 유형

**11.** 그림과 같이 강이 흐르는 지역에 A, B, C, D 네 구역이 일곱 개의 다리로 연결되어 있다. 시작 지점에 관계없이 같은 다리를 두 번 건너지 않고 이 일곱 개의 다리를 모두 건널 수 있는지 답하고 그 이유를 적어 보시오. (단, B와 D는 섬이며, 각 지역은 오직 다리를 통해서만 건널 수 있다.) [5점]

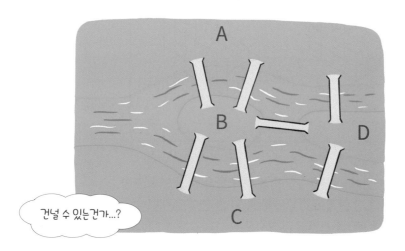

답 :

이유 :

영재교육원 기출 유형

**12.** 다음 <보기> 수식 ㉠, ㉡ 의 a, b, c, d, e, f, g, h, i 는 숫자 1 ~ 9 중 서로 다른 수를 의미한다. <보기> 의 수식이 성립하도록 각 문자에 해당하는 알맞은 수를 찾아보시오. (단, e = 6 이다.) [5 점]

**보기**

㉠
$$\begin{array}{r} a\ b\ c\ d \\ +\ a\ e\ f\ g \\ \hline h\ i\ f\ a\ e \end{array}$$

㉡
$$\begin{array}{r} a\ b\ c\ d \\ -\ a\ e\ f\ g \\ \hline d\ i\ a \end{array}$$

# 창의적 문제해결력 2회

**13.** 정사각형 종이를 절반씩 가로, 세로로 한 번씩 접었다가 펼치면 아래 <보기>와 같은 모양이 되고 여기서 찾을 수 있는 정사각형은 총 5 개이다. 다음 물음에 답하시오. [4 점]

보기

가로, 세로 한 번씩 접은 모양        찾을 수 있는 정사각형

4 개        1 개

정사각형 종이를 <보기>의 방식대로 가로로 세 번, 세로로 세 번 접었다가 펼쳤을 때 찾을 수 있는 정사각형은 모두 몇 개인 지 구하시오.

영재교육원 기출 유형

**14.** 무한이, 상상이, 알탐이, 영재 4 명이 가위바위보를 하고 있다. 무한이가 이길 확률은 얼마인지 구하시오. (단, 승자는 2 명 이상일 수도 있다.) [4 점]

무한이가 이길 확률 =
$\dfrac{\text{무한이가 이기는 경우의 수}}{\text{총 경우의 수}}$

영재교육원 기출 유형

**15.** 무한이는 4 m/s 의 속력으로 흐르고 있는 강의 하류에 있는 A 지점에서 배를 타고 강의 상류에 있는 B 지점을 다녀왔다. A 지점에서 B 지점으로 갈 때 걸린 시간이 B 지점에서 A 지점으로 갈 때 걸린 시간의 2 배였다고 한다. 물이 흐르지 않을 때, 무한이가 탄 배의 속력을 구하시오. (단, 배의 속력과 강의 속력은 각각 일정하다.) [5 점]

이동거리
= 시간 × 속력

**16.** 아래 그림과 같이 반지름이 같은 7 개의 원을 붙여놓은 뒤, 가운데 원을 제외한 6 개의 원의 중심을 이어 작은 정육각형을 만들었다. 그 후 가운데 원의 중심에서 작은 정육각형의 꼭짓점으로 직선을 이었을 때, 밖의 6 개의 원과 만나는 점들을 이어 큰 정육각형을 만들었다. 큰 정육각형의 넓이가 90 cm² 라고 할 때 작은 정육각형의 넓이를 구하시오. [5 점]

정육각형을 정삼각형으로 나누어서 생각해 보자.

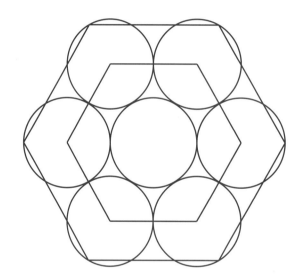

**17.** 그림과 같이 A, B, C, D, E, F 가 적힌 종이를 순서상관 없이 세 번을 접어서 점선대로 모두 접으려고 한다. A 가 적힌 부분이 제일 위에 위치하도록 접었을 때, 위에서부터 아래까지 종이에 적힌 가능한 알파벳의 순서를 모두 구하시오. (단, 앞뒷면이 똑같은 알파벳이 적혀있다.) [5 점]

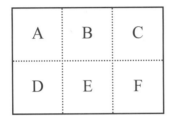

**18.** 1 부터 200 까지의 숫자 200 개가 있다. 다음 물음에 답하고 그 이유를 적으시오. [6 점]

(1) 이 200 개의 수 중 연속하는 수 30 개의 합이 짝수가 될 수 있는지 생각해보고 안된다면 그 이유를 적으시오.

(2) 이 200 개의 수 중 홀수 5 개, 짝수 3 개를 무작위로 뽑은 후 섞어서 일렬로 나열하였다. 이 일렬로 나열된 8 개의 수에서 이웃한 두 수를 뽑아서 합했을 때, 합한 값이 모두 소수가 나오는 경우는 없다. 이에 대한 이유를 적으시오.

# 창의적 문제해결력 2 회

교육청 영재교육원 기출

**19.** 소리는 물체가 떨릴 때 만들어지는데, 얼마나 빨리 떨리는지에 따라 소리의 높낮이가 달라진다. (가) 는 피아노 건반의 모습을 나타낸 것 인데, 각 음마다 1초 동안 떨리는 횟수가 정해져 있다. (나) 는 각 음 의 떨리는 횟수 사이의 규칙을 나타낸 것이다. 다음 물음에 답하시오. [6 점]

( 가 )

( 나 )

<규칙>

[도] : '도' 음의 1초 동안 떨리는 횟수

[도'] : 2 x [도]

[레] ÷ [도] = [미] ÷ [레]

[파] ÷ [미] = [도'] ÷ [시]

[미] ÷ [레] = {[파] ÷ [미]} x {[파] ÷ [미]}

[파] ÷ [미] 를 ◎ 로 나타내었을 때, 다음 음을 [도] 와 ◎ 를 써서 각각 나 타내시오.

[미] =

[솔] =

**20.** 아래 그림과 같이 정육면체의 모든 꼭짓점이 구의 내부에 접한 상태로 딱 맞게 들어있다. 구의 반지름이 4 라고 할 때, 내부에 들어있는 정육면체의 겉넓이를 구하시오. [7 점]

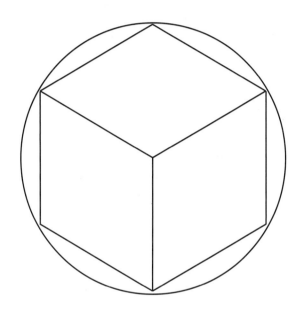

**21.** 무한이는 상상이에게 주사위 마술을 보여주겠다고 하였다. 무한이가 한 마술의 순서는 다음과 같다. 마술의 순서를 읽고 아래 질문에 답하시오. [5 점]

주사위의 한 면에 있는 수와 맞은 편에 있는 면의 수를 합치면 항상 7 이에요.

<무한이의 주사위 마술 순서>

(1) 무한이는 뒤돌아있고 상상이가 하나의 주사위를 세 번 던져서 나온 윗면에 있는 수를 순서대로 나열하여 세 자리 자연수를 만든다.

(2) (1) 에서 세 번 던질 때 주사위의 윗면에 있는 수의 맞은편에 있는 면의 수들도 던진 순서대로 나열하여 세 자리 자연수를 만든다.

(3) (1) 에서 만든 세 자리 자연수 뒤에 (2) 에서 만든 세 자리 자연수를 붙여서 여섯 자리 자연수를 만든다.

(4) (3) 에서 만든 여섯 자리 자연수를 111 로 나눈 수를 무한이에게 알려준다.

(5) 상상이가 몇 번을 반복하더라도 (1) ~ (4) 의 과정만 완료하면 무한이는 상상이가 던진 주사위의 윗면에 있는 수로 만든 세 자리 자연수를 항상 맞추었다.

무한이는 상상이가 주사위를 던져 나온 윗면의 수를 어떻게 맞췄을지 생각해서 적어보시오.

**22.** 영재는 <보기> 와 같이 가로, 세로의 길이가 8 인 정사각형을 4 개
의 도형으로 쪼개서 직사각형이 되도록 다시 합쳐보았다. 처음 정사
각형의 넓이는 64 였는데, 합치고 난 직사각형의 넓이는 65 가 되었
다. 어떤 점이 잘못 돼서 이러한 결과가 나왔는지 적어보시오. [4 점]

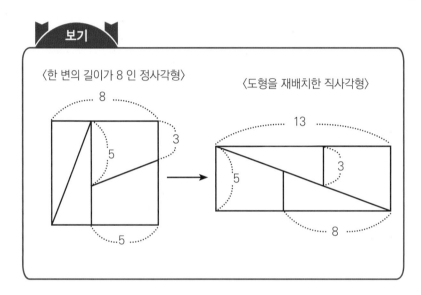

교육청 영재교육원 기출

**23.** 아래 <보기> 는 서로 이웃한 2 개의 바둑돌을 움직이는 규칙을 설명
한 것이다. 이를 보고 다음 물음에 답하시오. [5 점]

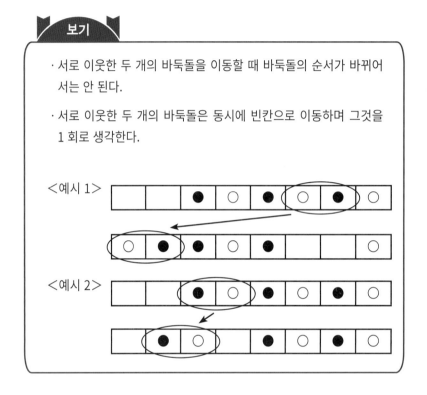

<보기> 의 규칙으로 서로 이웃한 바둑돌 2 개를 이동시킬 때, 아래 (가) 모
양에서 (나) 모양으로 바꾸기 위한 최소 이동횟수를 구하시오.

**24.** 그림은 두 지점 A, B 사이에 연결된 길을 큰길, 중간길, 작은길로 나누어 나타낸 것이다. 길에 표시된 숫자는 퇴근 시간이 아닐 때 자동차로 그 구간을 지나갈 때 걸리는 시간(분)을 의미한다. 다음 물음에 답하시오. [4점]

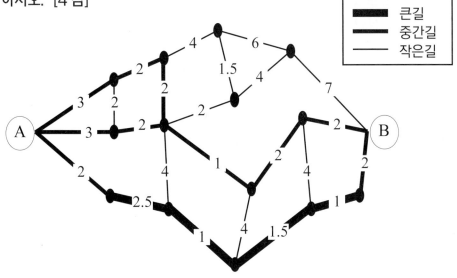

(1) A 지점에서 B 지점을 다녀오려 하는데, 올 때는 퇴근 시간대라고 한다. 퇴근 시간대에는 퇴근 시간이 아닐 때에 비해 큰길에서는 3 배, 중간길에서는 2 배만큼의 시간이 걸린다고 한다. 가장 빠르게 다녀올 때 걸리는 시간을 구하시오.

(2) 오토바이는 작은길을 통과하는 시간이 자동차의 절반이고 퇴근시간대에 중간길에서 시간이 2 배로 걸리는 현상이 없다고 한다. 자동차 대신 오토바이로 A 지점에서 B 지점을 다녀올 때, 가장 빠르게 왕복할 수 있는 시간을 구하시오. (단, 나머지 길을 통과할 때에 걸리는 시간과 조건은 자동차와 같다.)

신유형 문제

**25.** 무한이는 아래 <보기> 의 두 식을 모두 만족하는 자연수 A, B 를 찾기 위해 고민 중이었다. 지나가던 상상이가 문제를 보고 잠시 생각하더니 정답을 말해주었다. 상상이는 어떠한 방식으로 이 두 식을 모두 만족하는 자연수 A, B 를 찾았을지 생각해보고 자연수 A, B를 구하시오. (단, 무한이와 상상이의 연산능력은 같으며 6753 A 는 6753 × A 를 뜻한다.) [5 점]

보기

① 6753 A + 3247 B = 70259

② 3247 A + 6753 B = 59741

정답 및 해설 / 예시 답안
.......... > P. 57

**26.** 비둘기집의 원리란 임의의 자연수 N 에 대해서 (N + 1) 마리의 비둘기를 N 개의 비둘기집에 넣으면 적어도 한 비둘기집에는 2 마리 이상의 비둘기가 들어있어야 한다는 원리이다. 이를 이용하여 다음 질문에 답하시오. [5 점]

(1) 무한이네 반의 총원은 25 명이다. 1 월 ~ 12 월 중 같은 달에 생일인 사람이 3 명 이상이 될 수 있는지 이유와 함께 적어보시오.

(2) 영재는 임의로 서로 다른 자연수 8 개를 선택했다. 이 8 개의 자연수 중 두 수의 차가 7 의 배수가 되는 두 수가 반드시 존재하는지 이유와 함께 적어보시오.

교육청 영재교육원 기출

**27.** A, B, C, D, E 5 명 중 오직 두 명만이 항상 진실만을 말하고 다른 세 명은 가끔씩 진실을 말하기도 하고 거짓말을 하기도 한다. 이들 5 명에게 누가 거짓말을 하고 있느냐고 물었을 때 그들은 각각 <보기> 와 같이 대답하였다. 이들 중 진실을 말하는 사람은 누구인지 적으시오. [6 점]

한 명씩 거짓말을 했다 고 가정해서 모순점을 찾아봐요.

> **보기**
>
> · A： B 는 거짓말을 했고, E 는 거짓말을 하지 않았어
> · B： C 는 거짓말을 했어
> · C： D 는 거짓말을 했어
> · D： E 는 거짓말을 했어
> · E： B 와 C 는 거짓말을 했어

영재교육원 기출 유형

**28.** 아래 그림과 같이 두 개의 정삼각형 △ABC 와 △CDE 가 직선 BD 위에 나란히 놓여있다. 선분 AD 와 선분 BE 가 만나는 점을 F 라고 하면 ∠BFD 는 120 ˚ 이다. 두 정삼각형의 변의 길이가 변하더라도 이 각은 변하지 않음을 풀이과정과 함께 설명하시오. [7 점]

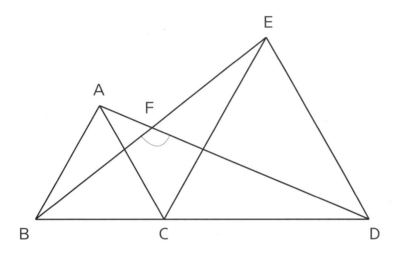

# 창의적 문제해결력 3 회

영재교육원 기출 유형

**29.** 어느 전시관의 1 인당 입장료는 성인은 2000 원, 청소년은 1500 원이고 50 명 이상의 단체 관람객의 경우는 나이와 관계없이 인원 수 × (성인 입장료의 70 %) 가 입장료로 책정되어 있다고 한다. 성인과 청소년이 섞여 있는 44 명이 이 전시관에 입장하고자 할 때, 성인이 A 명 이상이라면 오히려 50 인 단체 입장권을 사는 것이 더 저렴하다. 이를 만족하는 A 의 최소값을 구하시오. (단, A 는 자연수이다.) [6 점]

**30.** 각 기호 ◎ , ☆ , ▣ , ◈ 는 일정 규칙에 따라 문자를 변환시킨다. 다음 <보기> 를 보고 각 기호가 문자를 변환시키는 규칙을 찾아서 빈칸에 알맞은 문자를 넣으시오. (단, 문자의 맞은편에 있는 수가 변환된 수이다.) [5 점]

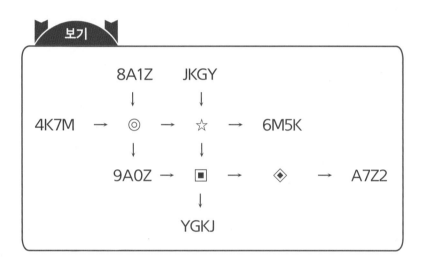

6T3P → ◎ → ☆ → ▣ → ◈ → ⬚

# 4 창의적 문제해결력 4회

**31.** 다음 <보기> 의 숫자들은 일정한 규칙에 따라 나열되어 있다. 100 번째 숫자를 구하시오. [4 점]

수들을 묶어서 규칙성을 생각해 보자.

> **보기**
>
> 1 1 2 1 2 3 1 2 3 4 1 2 3 4 5 1 2 3 4 5 6 …

**32.** 무한이와 상상이가 각각 주사위를 한 번씩 던질 때 무한이가 던진 주사위의 수가 상상이가 던진 주사위의 수보다 높을 확률은 얼마일지 구하시오. [4 점]

이번엔 어떤 눈이 나오려나 ~?

정답 및 해설 / 예시 답안
............> P. 64

**33.** 다음 <보기> 의 수 A 를 계산했을 때, 소수점을 제외한 A 의 자연수 부분은 몇 일지 구하시오. [5 점]

정확한 답을 구하는 문제가 아니므로 계산하기 쉽도록 어림셈해요.

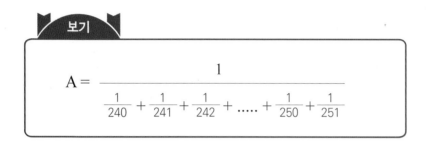

> 보기
>
> $$A = \cfrac{1}{\dfrac{1}{240} + \dfrac{1}{241} + \dfrac{1}{242} + \cdots\cdots + \dfrac{1}{250} + \dfrac{1}{251}}$$

**34.** 무한이와 상상이는 저녁을 먹은 뒤 운동 삼아 자전거를 타는데 무한이는 3 일 동안 자전거를 타면 1 일을 쉬고 상상이는 7 일 동안 자전거를 타면 2 일을 쉰다. 같은 날부터 자전거를 타기 시작했다고 할 때, 그 이후 1 년 365 일 동안 무한이와 상상이가 모두 자전거를 타지 않는 날은 몇 일인지 구하시오. [5 점]

같이 타는 날에는 시합하자!

영재교육원 기출 유형

**35.** 다음 <보기> 의 도형들을 모두 사용하여 채워서 만들 수 없는 도형을
찾으시오. (단, <보기> 의 도형들은 회전시킬 수 있다.) [5 점]

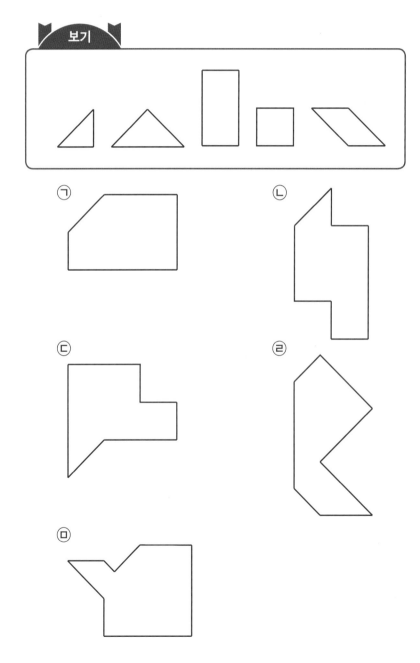

교육청 영재교육원 기출

**36.** 다음 <규칙> 에 따라 예시와 같이 빈칸에 화살표를 그려보시오.
[6 점]

<규칙>

⑴ 모든 빈칸에 화살표를 채워야 하며 화살표는 다음과 같은 8 개의 방
향 중 하나를 가리켜야 한다. (→, ←, ↓, ↑, ↗, ↘, ↙, ↖)

⑵ 테두리 칸 안의 숫자는 그 칸을 가리키는 화살표의 총 개수를 의
미한다.

⑶ 빈칸 하나에 화살표 하나만 그릴 수 있다.

<예시>

| 0 | 2 | 1 | 1 | 0 | 0 |
|---|---|---|---|---|---|
| 1 | ↑ | ↖ | ← | → | 2 |
| 1 | ← | ↑ | → | ↗ | 1 |
| 0 | ↙ | ↓ | ↑ | → | 1 |
| 1 | ↙ | ↙ | ↘ | → | 1 |
| 1 | 1 | 1 | 0 | 1 | 0 |

| 0 | 1 | 1 | 0 | 0 | 1 |
|---|---|---|---|---|---|
| 2 |   |   |   |   | 1 |
| 1 |   |   |   |   | 0 |
| 1 |   |   |   |   | 2 |
| 0 |   |   |   |   | 0 |
| 1 | 1 | 0 | 1 | 2 | 1 |

**37.** 무한이는 기차를 타고 가면서 창밖을 보고 있었다. 그때 반대 방향으로 가는 기차가 무한이가 탄 기차 옆을 지나갔는데, 무한이는 반대 방향으로 가는 기차를 6초 동안 볼 수 있었다. 무한이가 탄 기차와 반대 방향으로 가는 기차 모두 속력은 120 km/h 라고 할 때, 반대 방향으로 가는 기차의 길이는 몇 m 일지 구하시오. [5점]

영재교육원 기출 유형

**38.** 다음 <보기> 의 식 을 이루는 문자 A ~ J 는 각각 0 ~ 9 까지의 수 중 서로 다른 수를 의미한다. 각 문자에 해당하는 수를 찾으시오. (단, 정답은 2 가지이다.) [5 점]

세 자리 수 I B J 의 맨 앞자리 I 는 어떤 수 일까?

> **보기**
>
> A B + C D = E F
> G H + I F = J H
> C D + I F + J H = I B J

**39.** 직각삼각형에서 빗변을 한 변으로 하는 정사각형의 넓이는 나머지 두 변을 각각 한 변으로 하는 정사각형 두 개의 넓이의 합과 같다는 정리를 '피타고라스의 정리' 라고 한다. 아래 그림을 이용하여 실제로 넓이가 같은지 확인하고 서술해 보시오. [7 점]

△ACD 와 △ACG 의 넓이는 같다는 점을 이용하자.

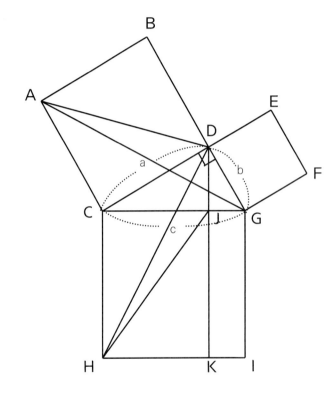

신유형 문제

**40.** 무한이, 상상이, 알탐이, 영재 4 명은 각자의 여자친구를 데려와 서로에게 소개해주는 자리를 만들었다. 아래 그림과 같이 정사각형 모양 테이블에 앉고자 할 때, 앉는 방법은 모두 몇 가지인지 구하시오. (단, 4 명 모두 각자의 여자친구 옆에 앉으며, 돌려서 봤을 때 같은 경우는 1 가지로 본다.) [6 점]

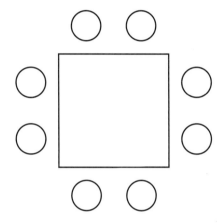

영재교육원 기출 유형

**41.** 아래 그림은 한 변의 길이가 8 인 정삼각형으로 만들어진 정사면체 도형이다. 이 정사면체를 한 번 잘랐을 때 그 단면이 정사각형이 되었다. 이 때 그 정사각형 단면의 넓이를 구하시오. [5 점]

정사면체를 잘랐을 때 그 단면이 정사각형이 되기 위해선 어떻게 잘라야 할 지 생각해보자.

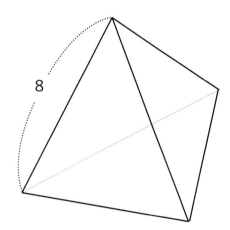

8

**42.** 다음 <보기> 의 ○ 안에 사칙연산부호( +, −, ×, ÷ ) 를 한 번씩만
사용하여 계산했을 때 그 값이 최소가 되도록 각 부호를 넣고 그 최소
값을 구하시오. [5 점]

보기

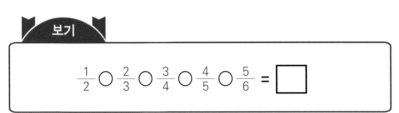

$$\frac{1}{2} \bigcirc \frac{2}{3} \bigcirc \frac{3}{4} \bigcirc \frac{4}{5} \bigcirc \frac{5}{6} = \boxed{\phantom{0}}$$

영재교육원 기출 유형

**43.** 2019 년 5 월 5 일은 일요일이었다. 그렇다면 2080 년 5 월 5 일은 무슨 요일일지 구하시오. (단, 1 년은 365 일로 계산한다.) [4 점]

## 2019 년 5 월

| 일 | 월 | 화 | 수 | 목 | 금 | 토 |
|---|---|---|---|---|---|---|
|  |  |  | 1 | 2 | 3 | 4 |
| 5 | 6 | 7 | 8 | 9 | 10 | 11 |
| 12 | 13 | 14 | 15 | 16 | 17 | 18 |
| 19 | 20 | 21 | 22 | 23 | 24 | 25 |
| 26 | 27 | 28 | 29 | 30 | 31 |  |

정답 및 해설 / 예시 답안
·········> P. 72

**44.** 무한이는 1, 2, 3, 4 네 개의 숫자를 한 번씩만 이용하여 가능한 모든 네 자리 수를 만들고 그 수들의 합을 구하려 한다. 그 수들의 총합은 얼마일지 적으시오. (단, 만들 수 있는 네 자리 수는 총 24 개 이다.) [5 점]

> 1, 2, 3, 4 를 한 번씩 이용하여 네 자리 수를 만들면 각 숫자는 천, 백, 십, 일의 자리에 6 번씩 나와요.

**45.** 무한이와 상상이는 아래와 같은 두 과녁 A, B 를 이용하여 다트 게임을 하려고 한다. 무한이가 과녁 A, 상상이는 과녁 B 에 다트를 한 번만 던져서 나온 점수가 낮은 사람이 아이스크림을 사준다고 할 때, 아이스크림을 사게 될 확률이 더 높은 사람은 누구일지 적으시오.. (단, 두 과녁 모두 각 숫자의 영역의 넓이는 같고 선에 맞을 경우 다시 던진다.) [4점]

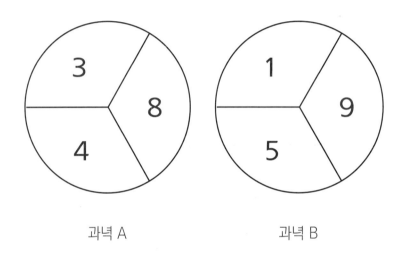

과녁 A          과녁 B

**46.** 아래 그림과 같이 반지름이 2 인 원 7 개가 서로 붙어있을 때, 굵은 선으로 표시된 선의 길이는 얼마일지 구하시오. (단, 원주율은 3.14 로 계산한다.) [5 점]

원주

= 2 × 반지름 × 원주율

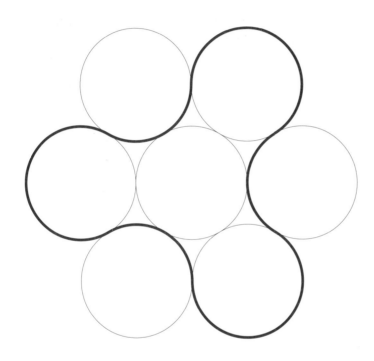

# 창의적 문제해결력 5회

영재교육원 기출 유형

**47.** 아래 그림과 같이 바둑돌 64개가 정사각형 모양으로 나열되어 있다. 무한이, 상상이 두 명이 아래의 규칙에 따라 바둑돌을 가져가는 게임을 하려 한다. 규칙을 읽고 다음 물음에 답하시오. [6점]

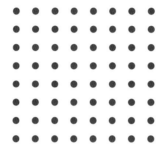

<규칙>

⑴ 가위바위보 게임을 해서 이긴 사람부터 번갈아가며 바둑돌을 가져간다.

⑵ 한 번에 한 행 또는 한 열에 있는 바둑돌 중 원하는 갯수만큼 가져간다.

⑶ 마지막 바둑돌을 가져가는 사람이 이긴다.

⑴ 이 게임은 늦게 시작하는 사람이 반드시 이기는 필승전략이 있다. 이 필승전략은 무엇일지 적으시오.

⑵ 바둑돌 49개가 정사각형 모양으로 나열되어 있다면 먼저 시작하는 사람이 반드시 이기는 필승전략이 존재한다. 이 필승전략은 무엇일지 적으시오.

**48.** 그림과 같이 선분 AB 와 선분 AC 사이에 꼭지점 A 로부터 이등변 삼각형을 만들어 나갈 때 5 번째 이등변삼각형을 그리기 위해서는 각 ∠BAC 가 몇 도(°) 보다 작아야 할지 적으시오. [6 점]

삼각형의 내각의 합은 180° 라는 것을 이용하자.

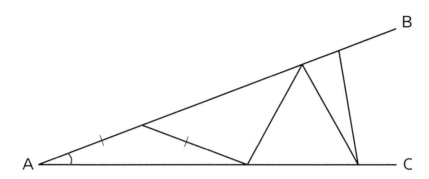

**49.** 무한이는 자전거를 타고 A 지점에서 C 지점까지 가려고 한다. 중간 지점인 B 지점까지는 일정하게 속도를 올리면서 가고, B 지점부터 C 지점까지는 그 속도를 유지하면서 갔다. 출발할 때 속력이 10 km/h 였고 B 지점을 지나갈 때 속력은 15 km/h 였다. C 지점에 도착할 때까지 1 시간 50 분이 소요됐다면 무한이가 자전거를 탄 총 거리는 몇 km 일지 구하시오. [5 점]

평균속력 = 이동거리 / 걸린 시간

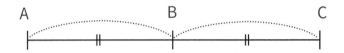

A           B           C

영재교육원 기출 유형

**50.** 다음과 같이 수들이 나열되어 있을 때, 8 행에 나타나는 수들은 어떤 모습일지 적으시오. [7 점]

| | |
|---|---|
| 1 | 1 행 |
| 1  1 | 2 행 |
| 1  2 | 3 행 |
| 1  1  2  1 | 4 행 |
| 1  2  2  1  1  1 | 5 행 |
| 1  1  2  2  1  3 | 6 행 |
| 1  2  2  2  1  1  3  1 | 7 행 |
| ? | 8 행 |

**Part 3**

# STEAM /심층 면접

⑤ STEAM 융합

⑥ 심층 면접

# 5 | STEAM 융합

## 01. 다음 자료를 읽고 물음에 답하시오. [10 점]

<자료 1>

그림과 같이 선분 AB 의 길이를 X : 1 로 나누는 점 C 에 대해 AB : AC = AC : CB 인 경우 황금분할이라 부르고 이 때의 X 를 황금비라 부른다.

일반적으로 1 : 1.618 을 <u>황금비율</u>이라 부른다.

<자료 2>

아래와 같이 1 , 1 로 시작하여 바로 앞의 두 개의 수를 더한 수가 다음에 오도록 수를 나열한 것을 '피보나치 수열' 이라고 한다.

$$1 \quad 1 \quad 2 \quad 3 \quad 5 \quad 8 \quad 13 \quad 21 \quad 34 \cdots$$

이 수들의 서로 인접한 두 수의 비는 수를 계속 나열할수록 <u>황금비율</u>에 가까워 진다고 한다.

$(1 : 1 , 1 : 2 , 2 : 3 , 3 : 5 , 5 : 8 , 8 : 13 , ....)$

<자료 3>

우리 태양계에 있는 행성(소행성대 포함)들은 한 행성의 공전주기와 바로 다음 행성의 공전주기의 비율을 계산하고 나열해보면, 매우 광대한 영역임에도 불구하고 이는 피보나치 수열과 굉장히 흡사하다.

|  | 공전주기(일) | 다음 행성의 공전주기와의 비율 | 비고 |
|---|---|---|---|
| 화성 | 687 | 5 : 13 | 5 : 13 |
| 소행성대 | 1200-2000 | 3 : 8 | 3 : 8 |
| 목성 | 4,332 | 2 : 5 | 2 : 5 |
| 토성 | 10,670 | 1 : 3 | 1 : 3 |
| 천왕성 | 30,688 | 1 : 2 | 1 : 2 |
| 해왕성 | 60,193 |  |  |

<피보나치 수열>

(1) 지구의 공전주기를 366 일 이라고 하자. 표에 나와있는 행성(소행성대 포함)들의 공전주기를 표의 비율을 이용하여 계산해보고 표에 있는 공전주기와 비교하여 보시오. (단, 지구와 화성의 공전주기 비율은 8 : 13 으로 계산하며, 각 행성의 공전주기는 소수점 첫 자리에서 반올림한다.)  [5 점]

(2) 우리가 살고 있는 은하는 다음과 같은 조개 껍질 모양과 같은 나선형 모양을 하고 있다. 조개껍질이 다음과 같은 수치로 나와 있을 때, 이 안에 숨어 있는 수학적 특징을 적어 보시오.  [5 점]

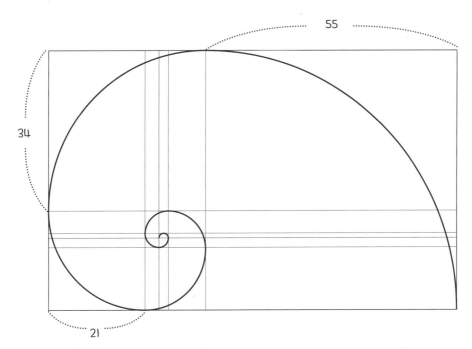

## 02. 다음 자료를 읽고 물음에 답하시오. [10 점]

&lt;자료&gt;

미술 기법 중 아래 그림과 같이 종이 위에 그림 물감을 바르고 그것을 두 겹으로 접거나 하여 대칭적인 모양을 만들어 내는 기법을 '데칼코마니' 라고 한다. 이 기법은 예측하기 어려운 색다른 형태를 만들어 낼 수 있어서 무의식을 중시하는 미술 작가들로 하여금 자유로운 형식의 작품활동을 가능하게 하는 방법 중 하나로 자리잡게 되었다.

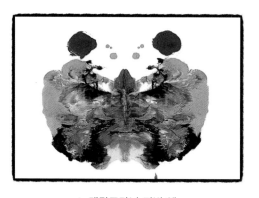

▲ 데칼코마니 기법 예

이러한 좌우대칭 구조를 가지는 것은 여러 학문에서 찾아볼 수 있는데, 이를 '회문' 이라한다. 일반적인 학문에서 '회문' 은 앞에서부터 읽어도 뒤에서 부터 읽어도 똑같은 말이나 수를 뜻하는데 그에 대한 예는 다음과 같다.

<table>
<tr><td>radar (레이더)</td><td>383</td></tr>
<tr><td>여보, 안경 안 보여</td><td>462264</td></tr>
</table>

(1) 2000 년도 이후 처음으로 연, 월, 일 8 자리가 '회문' 인 수가 되는 날은 2001 년 10 월 2 일 이었다. 이 날을 포함하여 2000 년도 이후부터 2030 년 1 월 1 일까지 연, 월, 일 8 자리가 '회문' 인 수가 되는 날은 몇 번일지 적어보시오. [6 점]

(2) 아래와 같이 종이의 왼쪽위에 물감으로 '데칼코마니' 라는 글자가 적혀 있고 오른쪽부터 한 번 접고 펼친 후 아랫쪽으로 한 번 접고 펼치려 한다. 이 과정을 마친 후 종이의 각 부분에 '데칼코마니' 라는 글자가 어떻게 적혀 있을 지 나타내 보시오. [4 점]

| 데 칼 코 마 니 | |
|---|---|
| | |

# 5 | STEAM 융합

## 03. 다음 자료를 읽고 물음에 답하시오. [10 점]

<자료 1>

2, 3, 5, 7, 11, 13, 17, ..... 등과 같이 1 과 자기 자신 외에는 약수가 없는 수를 '소수' 라고 한다. 수학자들은 이 소수들이 어떠한 규칙을 가지고 있는 지를 밝히기 위해 고대부터 현재까지도 노력하고 있지만 아직까지도 소수의 규칙성은 밝혀지지 않고 있다. 현재 수학자들은 소수를 찾기 위해 조 단위 이상의 수들까지 계산하고 있지만 어떠한 규칙도 찾을 수 없었다고 한다.

<자료 2>

모든 자연수는 1, 소수, 합성수 세 가지로 분류할 수 있다. '합성수' 란 두 개 이상의 소수의 곱으로 이루어진 수로써 2 × 2 = 4, 2 × 3 = 6 과 같은 수들이다. 소수의 약수의 갯수는 언제나 1 과 자기 자신 두 개 뿐이지만 합성수의 약수의 갯수는 언제나 세 개 이상이다.

<자료 3>

천만 자리 이상의 소수들은 다음과 같은 수들이 존재한다.

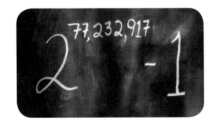

(1) 현재까지 밝혀진 소수 중에는 뒤집어서 봤을 때도 소수가 되는 수가 존재한다. 두 자리 소수 중 뒤집어서 봤을 때도 소수가 되는 수를 <u>모두</u> 찾으시오. (단, 여기서 뒤집는다는 의미는 거꾸로 읽는다는 것을 의미한다. ex : 15 → 51) [5 점]

(2) 소수는 현재 우리 실생활에서 컴퓨터 암호 분야에 유용하게 사용되고 있다. 소수로 만든 암호가 합성수로 만든 암호보다 좋은 점을 적어 보시오. [5 점]

## 04. 다음 자료를 읽고 물음에 답하시오. [10 점]

<자료>

정폭도형이란 아래 그림과 같이 도형에 접하는 두 평행선 사이의 거리가 항상 일정한 도형을 의미한다. 대표적으로 원이 존재한다. 이러한 특징때문에 맨홀뚜껑을 정폭도형으로 만들어서 어떠한 방향으로 넣어도 뚜껑이 구멍에 빠지지 않도록 하였다.

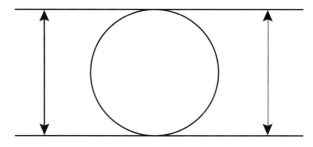

원처럼 매끄럽지 않더라도 이러한 정폭도형들은 무수히 많이 존재하는데 그 중 대표적으로 '뢸로 다각형' 이 있다.

(1) 뢸로 삼각형을 이용해서 만든 물건의 대표적인 예는 기타를 치는데 사용되는 기타 피크이다. 이와 같이 뢸로 다각형을 이용하여 만들 수 있는 물건을 생각하고 설명해 보시오. [5 점]

정답 및 해설 / 예시 답안
> P. 78

(2) 다음과 같은 도형들 위에 판을 올려놓고 그 위에 물이 담긴 컵을 올려 놓았다. 이 세 개의 도형이 회전하면 물이 담긴 컵은 어떻게 될지 설명하시오. (단, 그림의 도형은 왼쪽부터 뢸로 삼각형, 뢸로 오각형, 원이다.) [5 점]

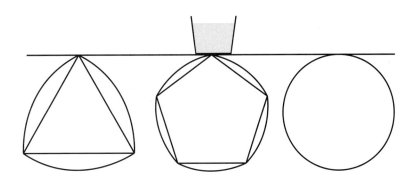

**05.** 다음 자료를 읽고 물음에 답하시오. [10 점]

<자료>

'프랙탈' 은 컴퓨터 그래픽 이론에서 출발하여 현대 물리와 수학에서 빼놓을 수 없는 부분이 되었다. '프랙탈' 이란 부분과 전체가 똑같은 모양을 하고 있다는 자기 유사성 개념을 기하학적으로 푼 구조를 말한다. '프랙탈' 은 단순한 구조가 끊임없이 반복되면서 묘한 전체 구조를 만드는 것으로, '자기 유사성' 과 '순환성' 이라는 특징을 가지고 있다. 나무를 예로 들면 나무의 어느 부분을 확대해서 보면 전체 나무와 비슷한 모양이 나타난다. 이러한 성질을 '자기유사성' 이라 부르고 이러한 현상이 계속 반복되는 것을 '순환성' 이라고 한다.

▲ 프렉탈 구조를 이용한 도형

(1) '프랙탈' 은 전체와 부분이 '닮음' 이라는 것을 뜻한다. 우리 주변에서 이러한 프랙탈 구조를 가지고 있는 예를 다양하게 적어 보시오. [4 점]

(2) 현재 우리가 살아가는 시대에 있는 다양한 학문 중에서도 천문학은 아직까지 수 많은 베일에 쌓여있으며 검증되지 않은 미지의 영역으로 가득하다. 현대 천문학계에서는 '빅뱅 우주론' 을 가장 정설에 가까운 이론으로 받아들이고 있지만, 일부 사람들은 다른 주장을 펼치고 있는데 그 중 하나가 '프랙탈 우주론' 이다. 아래의 사진을 보자.

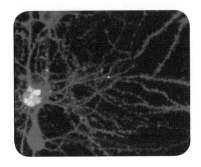　　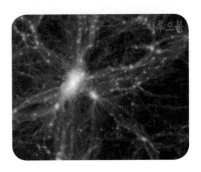

언뜻보기엔 비슷해 보이는 사진이지만 왼쪽의 사진은 사람의 뇌를 구성하는 뉴런의 모양과 배열을 찍은 것이고, 오른쪽의 사진은 우주 은하단을 찍은 사진이다. 이외에도 다른 여러가지 사람의 세포를 찍은 사진과 우주를 찍은 사진이 비슷하다는 것에서 출발한 이론이 '프랙탈 우주론' 이다. 이 '프랙탈 우주론' 에서는 "나의 뇌는 하나의 우주이고, 우리의 우주는 누군가의 뇌 속이다" 라는 주장을 펼치는데, 이 '프랙탈 우주론' 에 따른다면 은하의 생성, 소멸은 우리 몸 속에서 어떤 반응에 해당할지 적어보시오.  [6 점]

# 5 | STEAM 융합

## 06. 다음 자료를 읽고 물음에 답하시오. [10 점]

<자료 1>

한국통합물류협회에서 발표한 자료에 따르면 2018 년 국내 택배 물량은 25 억 4300 만 개에 달한다고 한다. 평균적으로 국민 1 인당 1 년에 약 49 회 택배를 이용하는 셈이 된다. 이는 2017 년 조사보다 약 4 회 늘어난 수치인데 이에 대한 원인으로는 온라인 유통시장 활성화 및 1 인 가구의 증가가 손꼽힌다. 이에 따라 택배기사들의 과도한 업무량에 대한 우려가 높아지고 있는데 이에 우정사업본부에서는 드론을 통해서 택배 배송을 하는 것을 상용화하기 위하여 관련 사업을 추진 중에 있다. 최근에는 중국의 드론업체 이항(EHang) 에서도 이동식 상점을 활용한 드론택배 영상을 공개해 이목을 집중 시키기도 하였다.

<자료 2>

드론은 무선전파로 조종할 수 있는 무인 항공기다. 카메라, 센서, GPS 등의 시스템이 탑재되어 있으며 25g 부터 1200 kg 까지 무게와 크기도 다양하다. 드론은 군사용도로 처음 생겨났지만 최근에는 개인 취미용으로도 확대되었다. 카메라를 탑재한 드론은 지리적인 한계나 안전상의 이유로 가지 못했던 장소를 생생하게 렌즈로 담을 수 있다는 장점때문에 각종 언론사, 영화제작사에서도 드론을 촬영용 기기로 활용하고 있다.

▲ 택배 배송 중인 드론

정답 및 해설 / 예시 답안
·············· > P. 79

(1) <자료 1> 에서 1 인 가구의 증가가 왜 택배 물량 증가에 영향을 주는지 이유를 적어보시오. [5 점]

(2) 드론을 통한 택배 시스템을 이용하면 자동차로 30 분 이상 걸리던 산악지대의 배송도 6 분안에 마무리 할 수 있다고 한다. 하지만 현재로서는 상용화하기에는 여러 가지 문제점들이 있는데 이 문제점들을 찾고 그 이유를 적어보시오. [5 점]

## 07. 다음 자료를 읽고 물음에 답하시오. [10 점]

<자료>

피라미드란 고대 이집트 묘의 한 형식으로서 사각추 형태의 구축물을 말한다. 그 중 쿠푸 왕의 대 피라미드는 가장 큰 피라미드로서 세계 7 대 불가사의 중의 하나이기도 하다. 이 피라미드의 높이는 약 146 m 로, 200 만 개 이상의 돌 블록이 사용되었으며 맨 밑단의 각 변은 230 m 로 거의 완벽한 정사각형 모양을 이룬다. 또한 피라미드 맨 밑단의 정사각형의 각 꼭지점은 거의 정확하게 동, 서, 남, 북을 가리키고 있다. 이 피라미드의 옆면을 이루고 있는 돌 블록은 개당 약 15 톤에 달하는 데도 한 치의 오차도 없이 블록들이 끼워져 있다. 현대의 기술로도 만들기 힘들 것 같다는 의견이 대부분인데, 고대의 사람들이 어떤 방법으로 이렇게 정교한 건축물을 만들었는지는 아직까지도 미스터리로 남아 있다.

▲ 피라미드

정답 및 해설 / 예시 답안
·············> P. 80

(1) 서울에 있는 롯데월드타워는 우리나라에서 가장 높은 건축물이다. 롯데월드타워의 높이 약 550 m 이고 약 2200 일간 총 500 만 명의 사람들이 투입되어 완공되었다. 쿠푸왕의 대 피라미드는 20 년간 매일 10 만 명의 사람들이 투입된 것으로 추정되고 있다. 롯데월드타워의 총 무게는 85 만 톤이고 쿠푸왕의 대 피라미드의 총 무게는 580 만 톤이라 하자. 고대 이집트인 1 명과 현대인 1 명의 일일 작업량을 비교했을 때, 현대인 1 명의 일일 작업량은 고대 이집트인 1 명의 일일 작업량에 비해 몇 배일지 적어 보시오. (단, 일일 작업량은 한 사람이 하루에 옮긴 무게로만 판단하며 개개인의 차이는 없다고 가정한다.) [5 점]

(2) 고대 이집트에는 나침반과 같은 방향을 정해주는 도구가 존재하지 않았을 것으로 추측된다. 그렇다면 고대 이집트 사람들은 어떠한 방식을 통해 동, 서, 남, 북을 거의 정확하게 가리키는 피라미드를 건축할 수 있었을 지 적어 보시오. [5 점]

# 5 | STEAM 융합

**08.** 다음 기사와 자료를 읽고 물음에 답하시오. [10 점]

&lt;기사&gt;

최근 중국 서남부 쓰촨성에서 규모 6.0 의 지진이 발생해 최소 6 명이 숨지고 75 명 이상이 다쳤다. 중국지진대망(CENC) 등에 따르면 지난 17 일 오후 10 시 55 분(현지시간) 중국 서남부 쓰촨성 이빈시 창닝현 북위 28.34 도, 동경 104.9 지점에서 규모 6.0 지진이 발생했다. 이 지진의 진원은 지표면에서 연직 아래로 16 km 깊이이다. 첫 지진이 감지된 이후 40 분간 5.1 규모의 여진을 비롯해 최소 4 번의 여진이 계속됐다. 진앙 인근에 위치한 호텔은 붕괴됐고, 고속도로에는 균열이 발생했으며 인근 충칭시에서도 가옥 일부가 파손되는 등 피해가 잇달았다. 경찰은 주민들을 건물과 집 밖으로 대피시키고 있으며 당국은 피해 현장에 의료진과 소방대원 등 300 여명의 구조대를 급파하고, 5000 개의 텐트와 1 만개의 접이식 침대, 이불 2 만 세트를 긴급 지원했다.      - 파이낸셜 뉴스 발췌 -

&lt;자료&gt;

지진의 세기를 나타낼 때에는 '규모' 와 '진도' 라는 단위를 사용한다. '규모' 는 절대적 강도를 뜻하며 '진도' 는 상대적 강도를 뜻한다. 지진의 세기는 '규모' 가 0.2 증가할수록 2 배씩 커진다. 따라서 규모 6.0 의 지진은 규모 4.0 의 지진에 비해 1024 배 강력하다. 약간의 차이는 있으나 규모 6.0 의 지진의 세기는 1945 년 히로시마에 떨어진 원자폭탄의 폭발력과 비슷하다. 지진의 규모에 따른 영향은 아래 표와 같다.

| 지진의 규모 | 영향 |
|---|---|
| 0 ~ 2.9 | 지진계에 의해서만 탐지가 가능 대부분의 사람들은 진동을 느끼지 못함 |
| 3 ~ 3.9 | 대부분의 사람이 느낄 수 있지만 별다른 피해는 입지 않음 |
| 4 ~ 4.9 | 물건들이 흔들리는 것을 뚜렷이 관찰할 수 있지만 심각한 피해는 입지 않음 |
| 5 ~ 5.9 | 제대로 서 있기가 곤란해지고 부실한 건물에 심한 손상이 감 |
| 6 ~ 6.9 | 최대 160 km 에 걸쳐 건물들을 파괴함 |
| 7 ~ 7.9 | 넓은 지역에 건물 파괴, 지표면 균열 등의 손상 |
| 8 ~ 8.9 | 수백 km 지역에 걸쳐 교량(다리) 파괴, 대부분의 구조물 파괴 |
| 9 이상 | 수천 km 지역에 대한 완전한 파괴 |

진도는 상대적 강도를 뜻함으로서 각종 피해 정도를 기준으로 나타낸다. 지진의 근원인 진원에서의 거리에 따라 피해 정도가 다르기 때문에 같은 지진이더라도 지역에 따라 진도는 다르게 나타난다.

정답 및 해설 / 예시 답안

·············· > P. 81

(1) 규모 9.0 이상의 큰 지진은 대부분 칠레, 일본, 인도네시아 등의 나라에서 일어났다. 아래의 지각판 지도에서 ○ 표시는 각 나라의 위치를 나타낸다. 각 나라의 위치와 쓰촨성의 위치를 보고 칠레, 일본, 인도네이사 이 세 나라에서 일어난 지진과 쓰촨성에서 일어난 지진의 차이점은 무엇일지 적어보시오. [4 점]

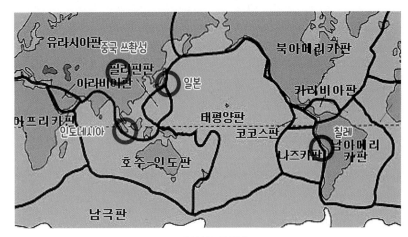

▲ 판의 분포와 경계

(2) 역대 관측된 지진 중 규모가 가장 큰 지진은 1960 년 5 월 22 일 칠레에서 발생한 칠레 발디비아 지진이다. 이 지진의 규모는 9.5 로 세계 최대의 지진으로 기록되어있다. 이 지진의 세기는 <기사> 에서의 쓰촨성 지진의 세기에 비해 몇 배 클지 계산해보고 이 칠레 발디비아 지진으로 인한 피해는 어떠한 것들이 있었을지 적어보시오. (단, 규모가 0.1 커질 경우에는 지진의 세기는 1.4 배 커진 것으로 계산한다.) [6 점]

## 09. 다음 자료를 읽고 물음에 답하시오. [10 점]

<자료>

사물의 크기나 색깔 같은 성질을 눈으로 보았을 때, 본래의 모습과 차이가 나는 경우를 시각적인 착각현상, 즉 착시 현상이라 한다. 이러한 착시 현상에는 기하학적 착시, 원근에 의한 착시, 밝기나 색깔의 대비에 의한 착시가 있다. 1934 년 오스카 로이터바르드는 이러한 현상을 이용해서 '펜로즈 삼각형' 을 처음 생각해내어 기하학적으로 흥미로운 주제를 만들었고, 네덜란드의 예술가 에셔(M. C. Escher) 는 본인의 작품을 만들 때 활용하기도 하였다. 아래 그림은 착시 현상을 이용한 에셔의 작품이다.

▲ 착시를 이용한 예술 작품

정상적인 수로와 폭포같아 보이지만 자세히 보면 폭포에서 떨어지는 물이 수로를 따라 흘러 다시 폭포로 떨어지는 모순적인 현상을 담아낸 그림이다.

(1) 아래 그림은 본문에서 나온 '펜로즈 삼각형'의 모습이다. 이 삼각형은 2 차원상의 그림으로만 표현이 가능하고 실제로 만드는 것은 불가능하다. 그에 대한 이유를 적어보시오. [5 점]

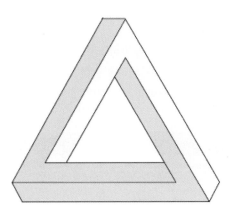

(2) 아래 사진은 제주도의 '도깨비 도로'를 찍은 사진이다. 우리 주변에 일어나는 착시 현상 중 대표적인 예인 이 도로는 오르막길처럼 보이지만 실제로는 내리막길로서 주변의 지형때문에 이러한 착시 현상이 생긴다. 이처럼 우리 주변에서 볼 수 있는 착시 현상을 적거나 아래 그림과 같이 착시 현상을 일으킬 수 있는 그림을 그려보시오. (그림의 두 직선의 길이는 같다.) [5 점]

# 5 | STEAM 융합

## 10. 다음 자료를 읽고 물음에 답하시오. [10 점]

**<자료>**

주판은 인류가 가장 먼저 개발한 계산 도구로서 고대 중국에서 사용되었다고 알려져 있다. 우리나라에서는 1920년 조선주산보급회가 설립된 후부터 주판셈이 활발히 보급되었다. 처음에는 위쪽 알 2 개, 아래쪽 알 5 개인 주판을 사용했지만, 현재는 위쪽 알 1 개, 아래쪽 알 4 개인 주판을 사용한다. 현재 주판의 모습은 아래 그림과 같다.

주판에서 위쪽 알은 숫자 5 를 나타내고 아래쪽 알은 숫자 1 을 나타낸다. 위쪽 알과 아래쪽 알을 나누고 있는 가름대를 보면 일정 간격마다 검은색 점들이 찍혀 있는 것을 확인할 수 있다. 이 중 <u>검은색 점 3 개가 연달아 찍혀있는 줄</u>에 있는 주판 알들이 일의 자리 수를 나타내며 왼쪽으로 갈 수록 십의 자리, 백의 자리, … 를 나타내고 오른쪽으로 갈 수록 소수점 자리를 나타낸다. 위쪽 알들은 모두 올려 놓고 아래쪽 알들은 모두 내려 놓았을 때가 숫자 0 을 의미한다. 각 자리 수를 나타내는 줄의 알들로 숫자를 표현하는 방식은 다음과 같다. 이를 이용하여 계산하는 방식을 '주산' 이라 한다.

| 숫자 | 표현 방법 |
|:---:|:---:|
| 0 | 위쪽 알 1 개를 올리고 아래쪽 알 4 개를 내림 |
| 1 | 위쪽 알 1 개는 올라가있고 아래쪽 알 4 개 중 1 개를 올림 |
| 2 | 위쪽 알 1 개는 올라가있고 아래쪽 알 4 개 중 2 개를 올림 |
| 3 | 위쪽 알 1 개는 올라가있고 아래쪽 알 4 개 중 3 개를 올림 |
| 4 | 위쪽 알 1 개는 올라가있고 아래쪽 알 4 개를 올림 |
| 5 | 위쪽 알 1 개를 내리고 아래쪽 알 4 개를 내림 |
| 6 | 위쪽 알 1 개를 내리고 아래쪽 알 4 개 중 1 개를 올림 |
| 7 | 위쪽 알 1 개를 내리고 아래쪽 알 4 개 중 2 개를 올림 |
| 8 | 위쪽 알 1 개를 내리고 아래쪽 알 4 개 중 3 개를 올림 |
| 9 | 위쪽 알 1 개를 내리고 아래쪽 알 4 개를 올림 |

주판은 현재는 전자계산기의 보급때문에 실용성이 적어졌음에도 불구하고 두뇌회전이나 셈 능력 향상에 도움이 되어 아직까지도 주산을 배우는 사람들이 있다.

정답 및 해설 / 예시 답안
............> P. 82

(1) 아래의 주판을 이용하여 3,279,561,840 를 표현해 보시오.  [5 점]

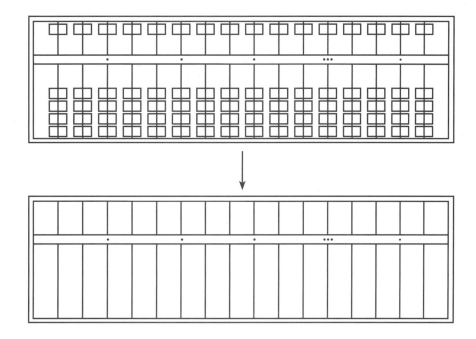

(2) 암산을 할 때, 주판의 모습을 상상해서 계산을 하면 엄청난 속도로 암산이 가능하다. 실제로 주산암산의 달인으로 나온 12 세 소녀는 10 억 단위의 수 10 개의 합을 암산만으로 21 초 만에 풀기도 하였다. 이는 실제로 전자계산기를 이용해 계산하려해도 나오기 힘든 기록이다. 기술의 발달로 인해 주판은 전자계산 기에 밀렸지만 암산의 대가들은 암산을 할 때 전자계산기를 상상하지 않고 주판을 상상하여 계산한다. 이처럼 기술의 발달이 우리에게 편리함을 주었지만 두뇌회전의 향상에는 도움을 주지 못하는 경우도 존재한다. 주산의 경우외에 다른 경우는 어떠한 것이 있을지 적어보시오.  [5 점]

## 11. 다음 자료를 읽고 물음에 답하시오. [10 점]

<자료 1>

광활한 우주에서 '혜성' 은 쉽게 관측할 수 있는 신기하고 흥미로운 관심거리 중 하나이다. 일정 주기마다 태양을 도는 혜성의 경우 지구와 같은 행성처럼 원형에 가깝게 태양을 도는 것이 아니라 아래 그림과 같은 궤도를 가지고 있다.

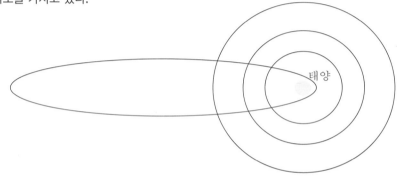

혜성의 구조는 오른쪽 그림과 같은데 혜성의 핵의 지름은 15 km 이하로 아주 작다. 꼬리는 대부분 얼음 입자로 구성되어 있으며 태양에 근접할수록 길이가 길어지는데 지구와 태양 사이의 거리 이상으로 길어지기도 한다.

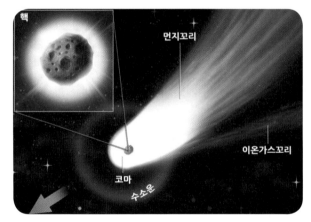

<자료 2>

세상의 모든 물체 사이에는 서로 끌어당기는 힘이 존재한다. 질량이 작은 물체 사이에서는 그 힘이 거의 존재하지 않는 수준으로 미미하지만 지구와 같이 질량이 큰 행성의 경우 우리가 알고 있는 '중력' 처럼 큰 힘이 된다. 지구의 경우 이 중력을 이기고 지구의 중력권을 벗어나기 위해선 약 11.2 km/s 이상의 속도가 필요하다.

정답 및 해설 / 예시 답안
·········· > P. 82

(1) 관측된 혜성 중 가장 널리 알려져 있는 혜성은 '핼리 혜성' 이다. 핼리 혜성은 지구에서 76 년에 한 번씩 관측된다. 이 혜성은 영국의 천문학자 E.Halley 가 연구하여 1682 년에 나타났으니 1758 년에 다시 나타날 것이라 예언하고 그것이 적중하면서 널리 알려졌다. 우리가 이 혜성을 직접 관측하기 위해선 몇 년도가 되어야 할지 구해보시오.  [5 점]

<핼리 혜성의 모습>

(2) 태양계의 행성들은 거의 일정한 속력으로 태양의 주위를 돌고 있기 때문에 원형에 가깝게 태양을 돌지만 혜성의 경우 공전 속력이 일정하지 않아서 찌그러진 원형 모양으로 태양의 주위를 돌게 된다. 핼리 혜성의 경우 1909 년 8 월 태양에서 4 억 8,000 만 km 떨어져 있는 위치에 있다가 1910 년 4 월까지 태양에서 8,900 만 km 떨어진 위치까지 점점 빠르게 접근해 오는 것을 관측할 수 있었다. 아래의 혜성 궤도에 혜성의 속력이 가장 커지는 위치를 찍어보고 태양을 돈 핼리 혜성이 왜 태양계밖으로 나가지 않고 다시 태양쪽으로 돌아오는지 설명해보시오. (단, 혜성의 궤도는 찌그러진 원형 모양 즉, 타원이라 한다.)  [5 점]

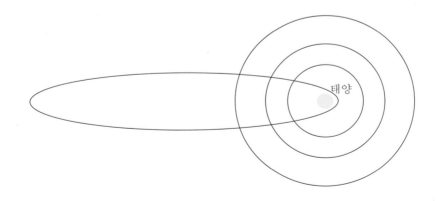

# 5 | STEAM 융합

## 12. 다음 자료를 읽고 물음에 답하시오. [10 점]

＜자료＞

현재는 어떠한 형질이 유전자를 통해 유전된다는 사실이 너무나 당연하다. 하지만 과거의 사람들은 어떠한 형질이 피를 통해서 유전된다고 생각했었다. 현대 유전학의 기초가 되는 법칙을 발견한 사람은 생물학자가 아닌 '멘델' 이라는 수도사였고, 그가 발견한 법칙을 '멘델의 법칙' 이라 한다. 멘델은 당시 사람들이 유전에 대해 생각하던 것들이 틀렸다라고 생각하고 본인만의 연구를 시작했다. 멘델은 어떠한 형질이 나타나게 하는 입자가 있고 이 입자는 쌍으로 이루어져 있다고 생각했다. 멘델은 이를 증명하기 위해 완두콩으로 실험을 하였는데 그 실험은 다음과 같다.

1. 둥근 완두콩(우성)의 유전 입자를 R, 찌그러진 완두콩(열성)의 유전 입자를 r 이라 하자.

2. 우성 인자만 가지고 있는 둥근 완두콩과 열성 인자만 가지고 있는 찌그러진 완두콩을 준비한다.

3. 이 둘을 타가수분법으로 교배시키면 그 자손 1 대에서는 둥근 완두콩만 나타나며 이 자손 1 대의 완두콩은 우성 인자와 열성 인자를 하나씩 가지고 있다.

4. 이 자손 1 대의 완두콩들이 자가수분 하면 그 자손 2 대의 완두콩은 둥근 완두콩과 찌그러진 완두콩이 둘 다 나오며 가지고 있는 유전 입자도 모든 종류가 다 나온다.

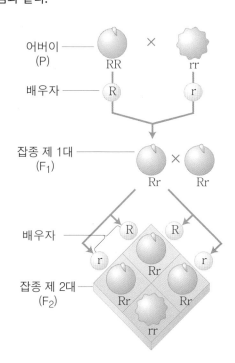

멘델은 위의 실험 결과를 통하여 두 가지 법칙을 발표했다.

1. 우성 인자와 열성 인자가 만난 경우 우성 인자의 형질만 나타난다. (우열의 법칙)

2. 자손 1 대에서 사라진 것처럼 보였던 열성 인자의 형질이 자손 2 대에서는 다시 나타났다. 따라서 한 쌍의 유전자는 생식 세포에 들어갈 때 분리되어 다음 세대에 전달된다. (분리의 법칙)

(1) 멘델은 이를 넘어서 형질이 다른 입자(ex. 색깔을 결정하는 입자와 모양을 결정하는 입자)끼리는 서로 전혀 영향을 주지 않는다는 사실을 밝혀냈다. 완두콩의 색깔을 결정하는 입자에 대해 우성 입자인 황색 완두콩의 유전 입자를 Y, 열성 입자인 녹색 완두콩의 유전 입자를 y 라 하자. 멘델은 우성 입자만 가지고 있는 둥근 황색 완두콩(RRYY)과 열성 입자만 가지고 있는 찌그러진 녹색 완두콩(rryy)를 가지고 <자료> 와 같이 실험을 하여 자손 2 대의 완두콩들을 만들어 내었다. 실험을 마치고 자손 2 대의 완두콩들을 확인 했을 때, 둥근 황색 완두콩이 900 개 였다고 하자. 그렇다면 찌그러진 황색 완두콩, 둥근 녹색 완두콩, 찌그러진 녹색 완두콩은 각각 몇 개가 나왔을지 적어보시오. [5 점]

(2) 사람의 혈액형은 흔히 A 형, B 형, O 형, AB 형으로 나뉜다. 하지만 유전학적으로 따져보면 같은 A 형이더라도 AA 형인 사람들과 AO 형인 사람들로 나눌 수 있다. 한 부부의 자식이 유전학적으로 볼 때 A 형, B 형, O 형, AB 형 모두 가질 수 있는 확률이 존재한다면, 이 부부의 혈액형은 어떤 형태일지 적어보시오. [5 점]

**13.** 제시된 자료를 바탕으로 2018년도 이후 A 나라의 자동차 등록 현황에 대해 예상하고 그렇게 생각한 이유를 설명하시오. (단, 모든 의견은 제시된 자료를 근거로 할 것) [5 점]

<자료 1>

자동차 등록대수

| 연도 | 2010 | 2011 | 2012 | 2013 | 2014 | 2015 | 2016 | 2017 | 2018 |
|---|---|---|---|---|---|---|---|---|---|
| 등록대수 (만 대) | 1,679 | 1,733 | 1,794 | 1,844 | 1,887 | 1,940 | 2,012 | 2,099 | 2,180 |
| 전년대비 증가 대수 (천 대) | 366 | 531 | 616 | 496 | 433 | 530 | 717 | 871 | 813 |
| 전년대비 증감비 (%) | 2.2 | 3.2 | 3.6 | 2.8 | 2.3 | 2.8 | 3.7 | 4.3 | 3.9 |

<자료 2>

2018년 연령별 인구수

| 연령 (세) | 0 ~ 9 | 10 ~ 19 | 20 ~ 29 | 30 ~ 39 | 40 ~ 49 | 50 ~ 59 | 60 ~ 69 | 70 ~ 79 | 80 이상 |
|---|---|---|---|---|---|---|---|---|---|
| 인구수 (천 명) | 4,480 | 5,345 | 6,470 | 7,268 | 8,401 | 8,107 | 5,190 | 3,155 | 1,441 |

<자료 3>

2018년 가구원 수별 가구 수

| 가구원 수 | 1인 | 2인 | 3인 | 4인 | 5인 | 6인 | 7인 이상 | 계 |
|---|---|---|---|---|---|---|---|---|
| 가구 수 (천 가구) | 5,398 | 5,067 | 4,152 | 3,551 | 924 | 211 | 64 | 19,367 |

<자료 4>

자동차 소비세 관련 신문기사

### 자동차 개별소비세 인하!!

이번 ○○○○ 년에 신차를 구입하려고 계획하시는 분들에게 희소식이 찾아왔습니다. 정부가 지금껏 자동차 가격의 5 % 부과되었던 세금을 3.5 % 로 인하한다는 소식인데요. 이는 약 30 % 정도 세율을 내린 것으로 적지 않은 비용을 절약할 수 있을 것으로 보입니다. 이렇게 세율이 인하된 배경은 아무래도 침체기에 접어든 자동차 시장으로 예상이 됩니다. 그래서 한시적으로 세금을 인하해 구매를 독려하는 것이죠. 하지만 이번 개별소비세 인하는 한시적인 것으로 오늘 19 일부터 연말까지 구입하는 차량에 한정됩니다.

### '8 월 비수기 개별소비세 혜택 살리자.'

여름휴가를 보내는 8 월은 자동차 시장의 전통적인 비수기여서 주요 완성차 업체들은 지난 7 월보다 할인 폭을 키운 판매조건을 꺼내들었다. A 자동차 회사는 120 만원 싸게 팔고, B 자동차 회사는 50 만원 깎아준다. C 자동차 회사는 세금을 전액 지원한다. 현금으로 환산하면 100 만원이 넘는 금액이다. 신차 판매가 부진한 D 자동차 회사와 E 자동차 회사는 가격 할인에 더 의지해야 하는 상황이다. D 자동차 회사는 기본 150 만원 할인을 지속하기로 했다.

**14.** A 나라에서는 모든 부부가 아들을 낳을 때까지 계속 아이를 낳는다고 한다. A 나라에서 아들과 딸의 비율은 어떻게 될까? (단, 아이를 낳는 횟수에는 제한이 없으며, 아들과 딸을 낳는 확률은 같다.) [5 점]

# 6 | 심층 면접

**15.** 내가 해적선의 선장이라고 하자. 어느 날 금 무더기를 발견해서 이 금을 선원들에게 분배할 방식을 정하는데 선원들은 내 의견에 찬성, 반대 투표를 한다. 절반 이상의 선원이 내 의견에 반대하면 나는 반란을 당해 죽는다. 충분한 금을 챙기면서 죽지 않기 위해선 선원들에게 어떤 분배 방식을 제안해야 할까? [5 점]

**16.** 4 차 산업혁명 시대를 따라가기 위해서는 주체적 수학능력이 필수이다. 하지만 우리나라에서는 흔히 말하는 수학포기자(수포자) 비율이 초등학교 8 %, 중학교 18 %, 고등학교 23 % 로 고학년이 될 수록 오히려 많아지는 추세이다. 이에 따라 지방교육청들은 수학포기자 없는 수학교육 기초학력 향상 지원 사업을 추진하고 있다. 왜 우리나라에서 수학포기자 비율이 고학년이 될 수록 많아지는 지에 대해 자신의 생각을 말해 보시오. [5 점]

**17.** 본인이 영재교육원 수학 분야에 지원한 계기와 합격했을 때 영재교육원에서 어떠한 방식의 교육을 받고 싶은지 말해 보시오. [5 점]

정답 및 해설 / 예시 답안
·········· > P. 85

**18.** 해수욕장을 방문하는 방문객 수를 측정할 때 그 이전까지는 '페르미 추정법' 을 사용하였다. 페르미 추정법이란 넓은 지역을 같은 넓이로 쪼개어 그 중 한 지역에 있는 사람 수를 헤아려서 전체 사람 수를 추정하는 방식이다. 단 페르미 추정법의 경우 그 오차가 커서 실제로 지난해 보고된 해수욕장 전체 방문객 수는 1,120 만명이었지만, 실제 빅데이터(휴대폰 위치추적 등)를 분석하여 나온 총 방문객 수는 710 만명에 불과했다고 한다. 앞으로는 빅데이터 분석기법을 이용하여 정확한 방문객 수치를 발표한다고 한다. 페르미 추정법과 빅데이터 분석기법은 각각 장단점이 존재하는데, 이에 대해 어떠한 방식으로 인원 수를 추정하는 것이 더 옳다고 생각하는지 자신의 생각을 말해 보시오. [5 점]

**19.** 하얀 거짓말(선의의 거짓말)은 오래전부터 남에게 피해를 주지 않으니 해도 괜찮다는 찬성파와 그래도 거짓말이니 하면 안된다는 반대파의 의견이 대립되고 있는 주제이다. 이 하얀 거짓말(선의의 거짓말)에 대한 자신의 의견과 그 이유에 대해 설명해 보시오. [5 점]

**20.** 영재교육원에 합격했는데, 학교에서 나와 사이가 안좋은 친구와 같은 학급이 되었다. 이럴 경우 어떻게 할지 말해 보시오. [5 점]

메모

꾸러미 120제